はなしシリーズ

ライト・フライヤー号の謎

飛行機をつくりあげた技と知恵

鈴木真二 著

技報堂出版

目　次

プロローグ

今から100年ほど前の1903年12月17日，ウィルバーとオーヴィルのライト兄弟は人類初の飛行機とされるフライヤー号の飛行に成功した．その後の飛行機の発達はすさまじい．1952年にはジェット旅客機コメットが，1970年にはジャンボジェットが，そして1976年には超音速旅客機コンコルドが就航した．コンコルドの飛行速度はフライヤー号の約40倍であり，ジャンボジェットの重量はフライヤー号の1 000倍以上である．こうした飛行機の進歩によって，われわれは世界中を旅することができるようになった．この本は，飛行機の原点ともいえるフライヤー号がつくりあげられる過程とその背景を，飛行力学の観点からできる限り正確に，しかも専門外の人々にも理解して頂けるように書こうとしたものである．

私は，航空宇宙工学を学び，飛行力学分野の研究を行い，今では大学で講義もしている．もちろん，ライト兄弟のこともフライヤー号のことも知ってはいたが，兄弟がどのように機体をつくり，どうやって飛行させたかという詳しいことまでは知らなかった．伝記も読んでいたが，それは一般向けに書かれたもので，理論的・技術的な面にはほとんど触れられていなかったような気がする．

ライト兄弟とフライヤー号のことを調べようと思ったきっかけは，1993年4月に，初飛行の地，キティホークを訪れたことにある．1903年の初飛行から90年後のキティホークに立ち，複製ではあったがフライヤー号を間近に見ることができた．それは，今日の飛行機とはまったく形態の違う異様な機体であった．以前，ワシントンDCにあるスミソニアン博物館の玄関に吊り下げられている本物のフライヤー号を見たことはあったが，キティホークで見たフライヤー号は，複製とはいえ迫力があった．なんといっても初飛行の地である．

それ以降，私はフライヤー号の技術的な成立過程に興味をもった．兄弟が初めて飛行機をつくり，飛ばした過程，そこには航空工学の出発点があるはずである．調べていくと，フライヤー号は，新しいものをつくりあげようとする兄弟の情熱と才能の結晶であり，そこには人間の創造的活動の苦悩と喜びが凝縮されていることがわかった．われわれは，飛行機に限らず文明の利器を利用している．思えば，それらをつくりあげた人々の努力をほとんど知らずに便利な生活を送っている．また，講義をするにも，論文を書くにも，さまざまな公式や法則を引用するが，一つの公式が出来上がるまでには科学者や技術者の多くの努力があった．その歴史を知ることは，そうした理論や技術の理解を深めるだけでなく，将来の新しい技術や理論をつくりあげる方法を学ぶことでもある．

フライヤー号の開発は100年前の古い話ではあるが，今新しいものをつくりあげようとするなら，それはライト兄弟がおかれた立場と変わることはない．パイオニアとして研究開発を行うことは，過去のデータや理論が信用できず，自らの実験や考えに頼らねばならなかったライト兄弟の道を歩むことでもある．それは苦悩の道であるが，情熱をもって進んだ兄弟は，創造という人類に与えられた最大の喜びを享受することができた．そして私は，兄弟の足跡を追うことで，研究者・技術者の精神を改めて学んだ．このことを少しでも多くの人々に伝えたいと思った．

また，初飛行後のライト兄弟のことも知りたかった．不思議なことに，急激な発展を遂げた飛行機の歴史に，ライト兄弟の影は薄い．兄弟は，なぜパイオニアの悲哀にさらされねばならなかったのであろうか．兄弟の限界はどこにあったのか，その問題点も明確にしたいと思った．

第1部

第1部では，ライト兄弟が飛行機を完成させていく過程を，当時の技術や理論の背景を振り返りながら調べていきたい．1903年の動力機初飛行がハイライトであるが，飛行機として完成させ，事業化を目指していくところまでを見ていくことにする．

第1章　飛行への関心が芽生える

キティホークへの道

キティホークは，大西洋の海岸に沿って南北に長く延びるアウターバンクスと呼ばれる半島の中央に位置する（図1.1）．地図で見ると，細長い半島が長く続く奇妙な地形である．1993年，バージニア州ノーフォーク近くのハンプトンにあるNASAのラングレー研究所を訪問した私は，ぜひライト兄弟の初飛行の地を見たいと思った．NASAの研究者に行き方を教わり，家族を乗せ自動車を走らせた．私は前の年から家族とともにアメリカに滞在していた．

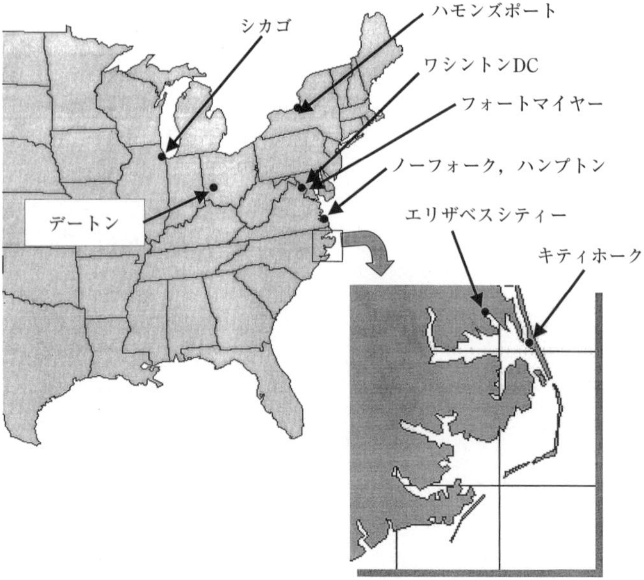

図1.1　ライト兄弟に関係する地図

ハンプトンからキティホークまでは，距離にすると 100 km ほどである．典型的なアメリカの田舎道を数時間運転すると，大きな橋が現れた．半島とはいえ，陸続きではないのだ．後で知ったのだが，この橋はライト・メモリアル・ブリッジとして 1931 年に架けられたもので，1900 年 9 月，つまり初飛行の 3 年前に兄弟が初めてキティホークへきたときにはなかったものだ．最初に到着する兄ウィルバーは，汽車の駅のあったエリザベスシティーから，船にグライダーの部品を乗せアウターバンクスに渡った．船といっても，小さな漁船である．当時，キティホークは人里離れた漁村で，エリザベスシティーの漁師でさえ「そんな場所は知らない」というようなところであった．

橋を渡ると，それまでの田舎道とはうってかわり保養地の趣に変わった．道路沿いに綺麗な商店や家が目立つようになる．しばらくして，キティホークの道路沿いにライト兄弟の記念館を発見した．あいにくの雨模様であったが，まずは初飛行の場所に向かった．キル・デビル・ヒル(悪魔殺しの丘)という恐ろしい名前のついた砂地が，彼らがグライダーで練習し初飛行も行ったところである．

初飛行の地に立つ

再現された作業小屋の向こうに，初飛行に使用したようにレール

写真 1.1 初飛行の地，キティホーク

が敷かれていた（写真 1.1）．離陸地点に大きな石がおかれ，レールの先に見える着地点には数字の書かれた印がつけられていた．初飛行の日に飛んだ距離が一目でわかる仕組みである．1903 年 12 月 17 日，弟のオーヴィルの操縦で，飛行時間 12 秒，飛距離 36 m が記録された．フライヤー号の最初の動力飛行であった．現地で見ても 36 m の飛行は，紙飛行機でも飛びそうな距離である．しかし，兄弟は次のように記している．

「それにもかかわらず，それは，人間を乗せた機械が，それ自体の力により浮揚して空中を飛行し，速度を減ずることなく前進し，離陸した場所と同じ高さの地点に着陸した，世界の歴史上最初のことであった.」

その日の 4 回目の飛行で，兄ウィルバーは 59 秒間 260 m を飛んでいる．レールの先の最も遠い印が，それとわかった．遠くにある印を見て，フライヤー号が人類初の飛行機であると主張するのに十分な飛行距離であることを，私は納得した．今では防風林が整備され，砂丘は緑におおわれているが，当時は本当に何もない砂地であったに違いない．初飛行に成功したときのエンジン音と兄弟たちの歓声が聞こえてくるようであった．

記念館のフライヤー号

記念館に戻り，フライヤー号の複製を間近に見た（写真 1.2）．木と布とワイヤーでできた機体は，現在の飛行機とはあまりにも違う．機体にはタイヤがなく，2 本のそりで支えられている．離陸のときには，小さな滑車がつけられた台車に機体を載せ，初飛行の地にあったレールの上を助走したのである．砂地なので，着陸は機体の底を通る 2 本のそりで十分であった．フライヤー号の後ろには，彼らが操縦の練習をしたグライダーの複製も展示されていた（写真 1.3）．フライヤー号よりも一回り小ぶりであるが，機体の構成には大きな違いがない．兄弟はこのグライダーで練習を積んだのであろ

写真 1.2　ライト兄弟記念館のフライヤー号の複製

写真 1.3　同記念館の 1902 年グライダーの複製

う．

しばらくすると，記念館の係員が現れ，操縦の様子を見せてくれた．機体にはオーヴィルの人形がうつ伏せの姿勢で乗っていた．兄弟は，うつ伏せになって機体を操ったのだ．左手のレバーを前後に倒すと，機体先端に取り付けられた小さな翼の角度が変わる．これで機体の姿勢を制御した．今日の飛行機では，こうした機能は水平尾翼が受け持っている．もちろん機体の最後尾に位置し，フライヤ一号のように機体の前にはない．大きな主翼は，よく見ると左右の翼端が下に垂れている．模型飛行機を引合いに出すまでもなく，普通の飛行機の主翼は上に反っている．

機体を旋回させるための方法は特殊であった．うつ伏せにした体を左右に移動させると，体を支えるサドルが左右に動く．サドルの動きはワイヤーによって翼に伝えられ，左右の翼がねじれるようにたわむ．翼をたわませて操縦するなど，今日の飛行機ではありえないことだ．翼がたわむのと連動して，機体の後端に位置する垂直尾翼も向きを変える．係員が操縦するたびに，機体がギシギシと音をたてて変形した．私には，機体が宙に浮いて姿勢を変えているように見えた．

小さなエンジンは操縦者の右に位置し，長いチェーンによって左右のプロペラを回す．プロペラは主翼の後ろについている．こうした方式はプッシャー式と呼ばれる．今日，ほとんどの飛行機はプロペラで機体を引っ張るトラクター式であり，フライヤー号はこの点でも特異である．プロペラは長さ 2.6 m もあり，片側のチェーンはねじられていて，左右が反対方向に回転するよう工夫されている．大きなプロペラが回転して発生するジャイロモーメントを左右で打

写真 1.4　キティホークの記念碑と作業小屋

ち消すために，そうしたに違いない．残念ながら，プロペラを回して見せてはもらえなかった．

帰り道立ち寄った巨大な記念碑（写真 1.4）には，初飛行は「天才的なひらめきで計画され，不屈の意志と信念によって達成された」と刻まれていた．ハンプトンへの帰路，私は思いをめぐらせながら車を走らせた．雨模様であった天気も快晴へと変わっていた．

ウィルバーとオーヴィルの生い立ち

ウィルバー・ライト（Wilbur Wright: 1867–1912）とオーヴィル・ライト（Orville Wright: 1871–1948）の生い立ちは，さまざまな伝記からすぐに知ることができたので，紹介しておこう．

ライト兄弟は，牧師であったミルトン・ライトを父とし，スーザン・コーナーを母とする．兄ウィルバーは 1867 年 4 月 16 日に，インディアナ州ミルビル近郊で，弟オーヴィルは 1871 年 8 月 19 日に，後に家族が定住するオハイオ州デートンで生れた．ウィルバーとオーヴィルには，ロイクリンとローリンの二人の兄と，キャサリンという妹がいた．

父ミルトンは，1877 年に主教に任命されてから，教会の仕事で家を空けることが多く，また家族はよく引越しをした．ミルトンは決して手先が器用というわけではなく，釘もまっすぐに打てなかったという．母のスーザンは夫の留守の間，家を守った．家庭用具が壊れれば自分で直し，家具や子供のおもちゃをつくる器用な女性であったようだ．兄弟のものつくりの才能は母親ゆずりであったといえよう．

兄弟は子供の頃から機械いじりが好きであった．兄のウィルバーは父親が編集する教会新聞のために，新聞を折る機械をつくり，弟のオーヴィルは木版印刷機をつくっている．兄のウィルバーは高校での成績も優秀であり，ミルトンとスーザンは彼をエール大学へ進学させようと考えていた．ところが，ミルトンの仕事の関係で，インディアナ州からオハイオ州のデートンへ引っ越すことになり，結局，ウィルバーは正規に高校を卒業できなかった．

兄のウィルバーは，落ち着き，自信に満ちたタイプで，スポーツマンでもあった．しかし，18 歳のときにホッケーの試合で大けがをし，そのことが彼のその後の性格に影響を与えたといわれている．スティックで顔面を強打されたのである．外科手術によって顔は整形されたが，作り笑いのような表情が消えなかったという．そういえば，写真で見る兄は常に冷たい表情をしている．母のスーザンは，1889 年，ウィルバーが 22 歳のときに結核で亡くなった．けがで外出を避けるようになったウィルバーは，母を看病するかたわら読書に熱中した．もともと夢想的な性格であった．

弟のオーヴィルは，兄と双子のように仲がよく，何でも分解してしまうような好奇心旺盛な少年であった．彼のトレードマークとなる赤毛の口ひげは，高校時代からのものであるという．写真で見ると，兄弟は飛行のときにさえ，スーツにネクタイという正装である．これも，服装にいつも気を配っていたオーヴィルの影響であるらしい．オーヴィルは高校在学中に母親を亡くし，兄と新聞発行を行っていたこともあり，高校を中退している．初飛行の後，人々は兄弟が工学の専門教育を受けていないことに驚いたという．

母親の死後，妹のキャサリンが家族の世話をすることになった．妹は 1898 年に大学を卒業後，地元で高校の教師を続けながら，ライト一家の母親代わりとなった．二人の兄は家庭をもち普通の生涯を送るが，ウィルバーとオーヴィルの活動を親身になって支え続けた．古き良きアメリカの家族であった．飛行機に魅せられたウィルバーとオーヴィルは終生独身を通した．

印刷事業から自転車事業へ

新聞発行は，オーヴィルが 12 歳のときに印刷機を自製したことと関係している．オーヴィルの印刷機づくりは次第にエスカレートした．高校２年のとき，大がかりな印刷機の設計，製作に取り組むが，さすがに高校生の手には負えなくなり，オーヴィルは兄に助けを求めた．ホッケーのけが以降家にこもっていたウィルバーも，本来の鋭い分析力で印刷機の問題点を指摘し，弟の計画に協力することになった．この間の共同作業は，後の飛行機の開発を思わせるものがある．

印刷機の完成を機に，オーヴィルは週刊の新聞発行を計画し，町の話題を記事にした「ウェスト・サイド・ニュース」を1889年3月1日に創刊した．兄のウィルバーも，編集者として弟に協力するようになった．1年後，兄弟はこの新聞を「イブニング・アイテム」という日刊紙に改め，本格的な新聞発行を目指した．しかし，手づくりの紙面では大手の日刊紙には太刀打ちできず，数か月で廃刊に追い込まれている．

オーヴィルは高校の最終学年を迎えていたが，日刊紙の失敗にもめげず，印刷業にさらにのめりこんだ．そして「ライト＆ライト印刷所」で，こまごまとした印刷に精を出した．兄のウィルバーは再び家にこもってしまうが，その頃から，彼らは「自転車」という新しい乗り物の魅力にとりつかれることになる．特に，弟のオーヴィルは自転車レースにも熱中するようになった．兄弟は，仲間の自転車の修理も行い，1892年には「ライト自転車商会」を開業するまでになった．最初は修理，販売，貸出しなどを行っていたが，1896年までには自転車の製作も手がけている．この商売は大いに繁盛し，オーヴィルは印刷業から手を引くことになる．

飛行への関心の高まり

後年オーヴィルは，飛ぶことに興味をもったきっかけは父親にもらったおみやげだったと回顧している．1878年，ウィルバーが11歳，オーヴィルが7歳のとき，外出から帰った父親は隠し持っていたおみやげをいきなり宙に放り投げた．それは，ねじったゴムで2

枚のプロペラを回転させるヘリコプターのおもちゃであった．兄弟はこのおもちゃを「バット」（こうもり）と呼んで，喜んで遊んだ．

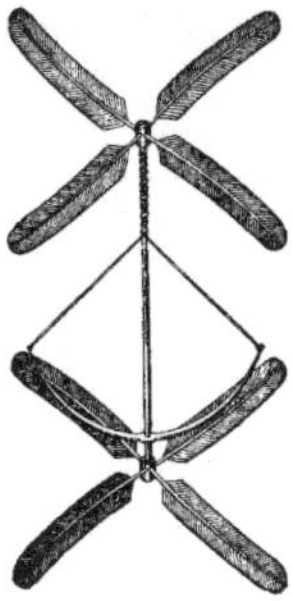

図 1.2　ヘリコプターのおもちゃ

この模型自体は，1784 年にフランスのラノアとビエンバニューがパリで飛行させ話題を呼んだヘリコプター模型（図 1.2）がオリジナルである．プロペラが上と下にあるのは，反対方向に回転させることでモーメントのバランスをとるためである．もともとは，竹のような弾力のある板でプロペラを回すが，ねじったゴムを動力とするようフランスのペノーが改良を加えた．これがおもちゃになって出回っていた．

兄弟は，早速，同じような模型をつくって飛ばすことに熱中した．さまざまに改良した模型を飛ばすうち，大きくした模型は全然飛ばないことに気づく．機体を大きくした場合，動力をはるかに大きくしなければならない．幼い兄弟がその理屈を理解できなかったのも当然である．

ライト兄弟が飛行機の開発に至るほど飛行に強い関心をもったのは，リリエンタールの墜落がきっかけであったという．ドイツのオットー・リリエンタールは，1891 年からグライダーでの滑空飛行を行っていた．その様子は，当時発明された写真乾板による鮮明な写真によって世界中に配信された（写真 1.5）．ライト兄弟もその写真を見ていたに違いない．

リリエンタールは 2 000 回も飛行を重ねるが，1896 年 8 月 9 日遂に墜落し，翌日息を引き取った．このニュースは，ライト兄弟に強い衝撃を与えた．数年後，ウィルバーは父親に手紙を書いた．人間による飛行は「ほとんどこの分野だけがいまだ多くの研究者によっ

写真 1.5 リリエンタールの飛行(資料：リリエンタール博物館)

て追求が十分に行われていないようだ」と．印刷，自転車に続く彼らの次なる挑戦が始まった．

自転車は当時大変高価なもので，裕福な人々の趣味であったという．兄弟が政府や大企業からの資金的援助など一切なく，自費で飛行実験を行えたのは，自転車製造業で繁盛した貯えがあったからである．

第2章　先人の研究を調べる

「私がほかの人より遠くを見ることが可能だったのは，私が巨人の肩に立ったからである」と述べているのは，近代科学の完成者ともいうべきアイザック・ニュートンである．「巨人」とは，レオナルド・ダ・ビンチやガリレオ・ガリレイなどの先人の偉大な業績のことである．ライト兄弟が初飛行を成し遂げたのも，飛行の「巨人」たちがいたからこそである．ここでは，ライト兄弟に影響を与えた飛行のパイオニアたちを振り返ってみたい．飛行機はどこまで開発されていたのだろうか．

飛行の研究といえば，レオナルド・ダ・ビンチ（Leonardo da Vinci：1452–1519）が有名である．日本が室町時代の頃，ダ・ビンチは鳥の飛行を詳細に観察し，はばたき機（オーニソプター）を構想した．彼のスケッチによれば，人間は腹ばいになり，足踏み式のペダルによって翼をはばたかせる仕組みになっている（図2.1）．レオナルドらしい緻密な設計である．実際につくられたという説もあるが，飛んだことはなかったに違いない．

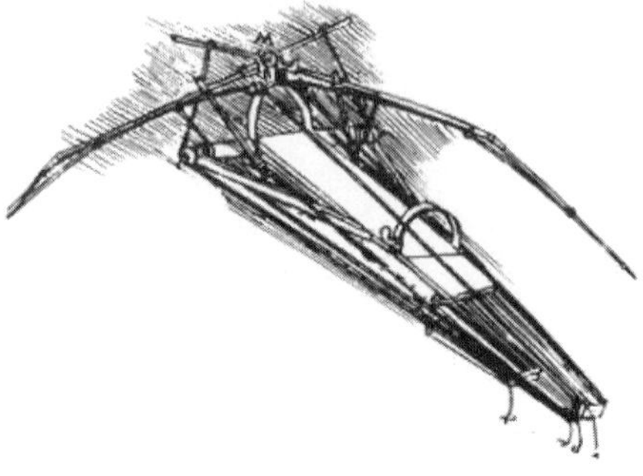

図2.1　レオナルド・ダ・ビンチのオーニソプター

大きな鳥でも，ちゃんと飛べるのは体重10 kg程度までである．しかも，アホウドリなど大きな鳥は滑空飛行が主体であるから，実際には人がはばたいたくらいで飛び上がれるものではない．レオナルドもそのことは承知していたらしい．「飛ぶのは湖の上がいい．もし墜落しても，おぼれないように大きめの革袋をつけておくこと」とメモを残している．レオナルドはさすがに，腕ではばたくのでは力が不足すると考え，足でこぐ方法を考案しているが，鳥のような翼を腕につけ命を落とす冒険家が後を絶たなかった．

航空工学の父，ケイレイ卿

現在の飛行機のようにしっかりとした固定翼で機体の重量を支える設計をしたのは，イギリスのケイレイであった．ジョージ・ケイレイ（Sir George Cayley：1773–1857）は，イギリスのスカーボロの裕福な貴族の家に生れた．病弱な父親を早く亡くしたため，ケイレイは19歳で男爵となっている．当時の慣例で，正規の教育ではなく，イギリス学士員会員のジョージ・ウォーカーを家庭教師として最先端の科学を学んだ．ちなみに，ケイレイはウォーカーの娘サラと結婚している．サラは夫の研究には一切興味を示さず，ケイレイは妻に隠れて研究を行ったといわれている．二人の家庭生活は必ずしも幸福ではなかったようである．

ケイレイは子供の頃から機械に興味をもち，村の時計屋をしばしば訪れていたらしい．19歳のときには，ヘリコプターの模型を飛ばした．1784年にフランスのラノアとビエンバニューがパリで飛行させ話題を呼んだヘリコプター模型をまねたものと思われる．ライト兄弟と同様，ヘリコプターの模型が飛行への第一歩であった．ケイレイはその後，ヘリコプターの研究も実際に行っている．

モンゴルフィエ兄弟による熱気球の成功

ヘリコプターの模型が宙に舞う頃，人類は遂に空に浮上した．それは飛行機ではなく熱気球であった．1783年11月21日，綿と羊毛を燃やした熱気によって，モンゴルフィエ兄弟の熱気球が，パリ

図 2.2　モンゴルフィエ兄弟の気球（1783 年）

のブローニュの森から観衆に見守られて浮上した（図 2.2）．気球の成功により，人々は大空の飛行に大きな関心を向けるようになる．どうすれば人は鳥のように空を飛べるのか．風まかせの気球では物足りないと考えた人々は，飛行の原理を本格的に研究し始めた．ケイレイもその一人であった．

飛行の原理の確立

「航空工学の父」と呼ばれるケイレイの功績は多方面に及んでいるが，最大のものは，はばたき飛行の限界を見抜いた点にある．つまり，自重を支える主翼と，推進力を得るメカニズムを独立にしなければならないと考えたことである．1799 年，銀の円盤に固定翼グライダーを彫り，子孫のために残している．このグライダーは固定翼であったが，推進装置は未熟であった．せっかくヘリコプターの模型をつくったものの，プロペラではなく船のオールのようなはばたき翼を用いている．

ケイレイの銀盤の裏には，揚力と抗力と推力の力学的な関係が示されていた．機体に作用する空気の力を揚力と抵抗に分け，揚力は自重と釣り合い，推力は抵抗に打ち勝つことが必要であるという関係（図 2.3）を正しく表現している．

銀盤に描かれたグライダーは尾翼も備えている．ケイレイは安定性の概念も理解していたに違いない．安定性の理論的な説明は第 9 章で詳しく議論したい．1804 年には 1.2 m の手投げの模型（写真 2.1）を飛行させることに成功した．エンジンこそ備えていないが，

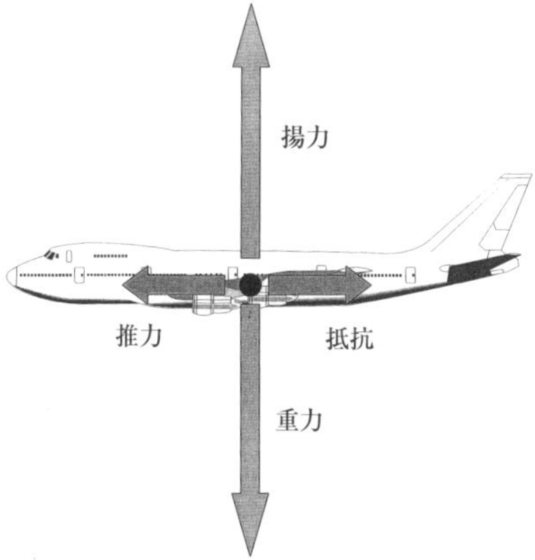

図 2.3　飛行機に作用する四つの力

写真 2.1　ケイレイ卿のグライダー模型の複製（デートン航空博物館）

飛行の原理をきちんと押さえた模型である．この模型の主翼は凧のような形状をしているものの，はばたき翼ではなく，しっかりとした固定翼である．尾翼は角度が調節できるように胴体にジョイントで取り付けられている．優れた実験用模型といえる．

空気力の測定

ケイレイの業績は，単に模型飛行機を飛ばしただけではない．彼は翼に作用する空気力の計測も行っている．

図 2.4 に，翼の断面（翼型と呼ばれる）の主な名称を表示する．図中の矢印は翼にあたる空気の流れである．飛行機は自らが移動することによって空気力を発生させる．空気力を理解しやすくするために，機体を固定し，機体に流れがあたるという表現をとることがある．この方式は，流れの中に模型をおき，空気力を測定する風洞実験の際に採用されるもので，航空工学では空気力を表現するためによく利用される．この本でも，図 2.4 のように翼にあたる一様流を図示するのはそのためである．飛行機と同じ速度で移動するものが観測すれば，機体は静止して見え，空気が流れているように見える．

図 2.5 はケイレイが計測に用いた回転式アームである．シャフトに巻きつけた糸の先端に重りを下げ，重りにかかる重力がアームを回転させる．アームの先端には翼が取り付けられ，回転によって生ずる速度によって空気力が発生する．空気抵抗は，糸の先につけた重りのつくるモーメントから計測することができる．また，揚力はアームを水平

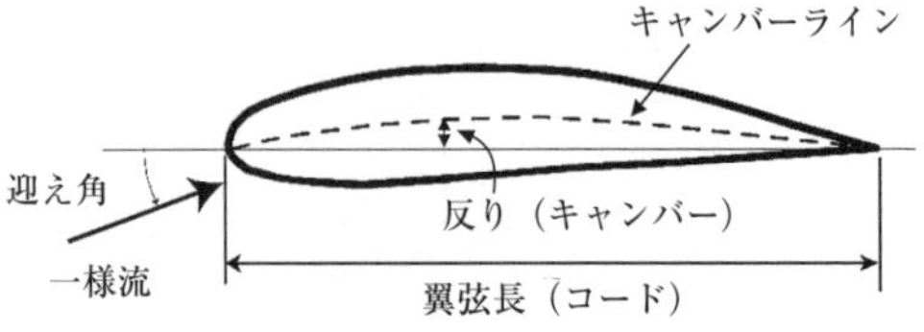

図 2.4　翼断面（翼型）の名称

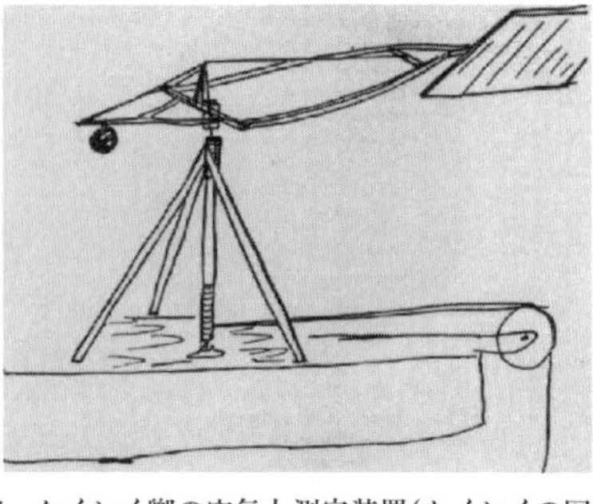

図 2.5　ケイレイ卿の空気力測定装置(ケイレイの図より)

に維持するための重りから求められる．この重りはアームの反対側に取り付けられている．こうした装置自体は，18世紀のイギリスで，風車の研究のために用いられたものと基本的には同じであった．しかし，翼の揚力の測定に用いたのは，飛行機の開発を意図したケイレイがもちろん最初である．

翼の空気力特性がわかる

ケイレイは，翼に作用する空気力の計測結果を，1809年から1810年にかけて「空中航行について」と題する3篇の論文にして発表した．航空工学史上最も重要な論文の一つにあげられているものである．

今日では，翼に作用する空気力を，翼の形や飛行速度から計算することができるが，ケイレイはもちろん，ライト兄弟の時代にもその計算方法は明らかになっていなかった．空気力学と呼ばれる学問がまだ確立されていなかったのである．そこで，模型によって空気力を測定し，実際の機体の設計に生かす必要があった．もちろん，模型実験は今日でも行われている．

ケイレイがこの実験によって得た結論は，今日の翼理論の基本を押さえた的確なものであった．まず，揚力と迎え角の関係を導いた．迎え角とは，図2.4で示したように翼と流れのなす角度である．迎え角を大きくすると揚力は大きくなる．適切な迎え角を用いれば，飛行に必要な揚力が得られることを示した．また，翼に反(そ)り（キャンバー）を与えれば，平板よりも大きな揚力が得られることを示した．ケイレイが1804年に作成した模型は平板翼であったが，1853年につくった模型は研究成果を反映してキャンバー翼を採用している．

ヘンソンの「空飛ぶ蒸気車」構想

ケイレイの興味は，なぜか1810年から1843年まで気球や飛行船に向いてしまい，飛行機の研究は中断されている．人々の関心がまだ飛行機に向いていなかったのであろう．時代が早すぎたのである．ケイレイは，飛行船や飛行機が搭載するためのエンジンの研究も行っている．蒸気エンジンは飛行機に搭載するにはあまりにも大きく重く，新しい蒸気エンジンの研究に多くの時間が費やされた．

1843 年に，ケイレイが飛行機の研究を再開するのは，ウイリアム・サミュエル・ヘンソン（William Samuel Henson : 1812–1888）が，「空飛ぶ蒸気車」と名づけられた巨大な飛行機の案（図 2.6）を発表したためである．ヘンソンの機体は，蒸気エンジンによって重量 1 350 kg の機体を持ち上げる壮大なものであった．ヘンソンは特許を取得するとともに，その内容を出版した．彼の構想は大きな反響を呼び，ヘンソンは同機による構想実現に向けて国際的な航空会社の設立を計画した．

ヘンソンの設計に，ケイレイはすぐさま疑問を投げかけた．一つは，蒸気エンジンが飛行機には重すぎることであった．また，主翼の縦横比（アスペクト比）が大きいため，翼が空中分解する危険があることを指摘した．実験的な裏づけのないヘンソンの機体は，結局，実現には至らなかったが，ケイレイを再び飛行機の研究に向かわせた功績は大きかったといえる．

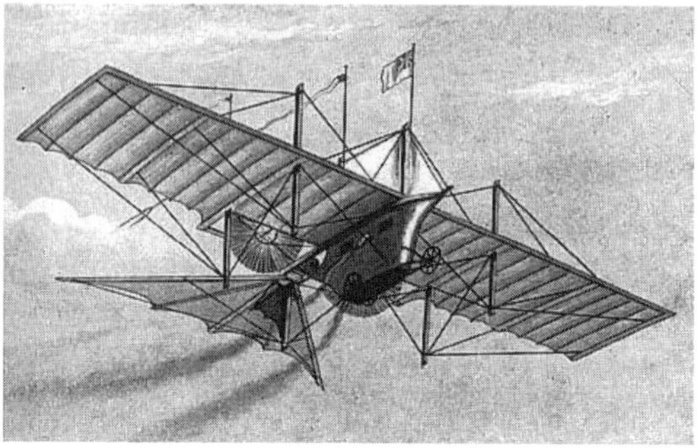

図 2.6　ヘンソンの空飛ぶ蒸気車

グライダーの製作と飛行

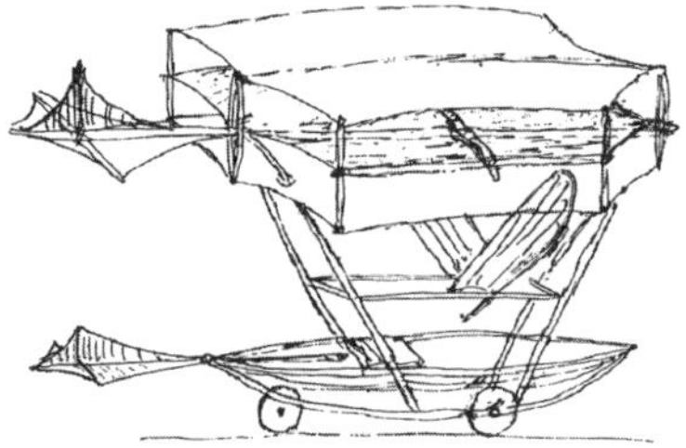

図 2.7　ケイレイ卿のグライダー（1849 年，ケイレイの図より）

ヘンソンを批判したケイレイは，1849 年には 3 葉のグライダー（図 2.7）を実際に製作した．10 歳の子供を乗せ，傾斜した野原で地上から浮かせることに成功したらしい．主翼を複数にするというケイレイのアイデアは，後の飛行機開発に大きな影響を与えた．ヘンソンの主翼のアスペクト比が大きすぎると批判したケイレイは，アスペクト比が小さくとも十分な揚力を発生させるために，3 枚の翼を重ねた設計を行ったのである．

1853 年には単葉にしたグライダーで斜面を下りながら空中に浮き，数百メートルほどの飛行に成功した．このグライダーの操縦者は，ケイレイの馬車の御者であった．彼は「自分は空を飛ぶために雇われたのではない」と，恐怖に怯えながらグライダーに乗ったという．この記念すべき飛行も，世間一般には認められないまま，「航空工学の父」ケイレイは 83 歳で世を去った．

悲運の天才，ペノー

フランス人のアルフォンス・ペノー(Alphonse Penaud：1850–1880）は，ケイレイに次ぐ航空工学の「巨人」というべき存在である．海軍提督を父とするペノーは，生れながらの坐骨疾患のため，父の跡を継ぐことができなかった．彼は，航空へ自らの将来を託した．1870 年 20 歳のときに，ペノーはゴムひもをねじって動力とすることを考案し，ヘリコプターの模型に利用した．ペノーは玩具としてこれをつくらせ，その一つがライト兄弟のもとにも渡ったのであろう．

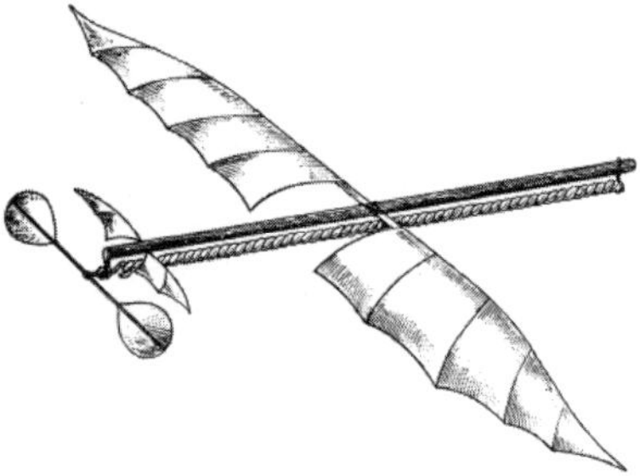

図 2.8　ペノーのゴム動力模型，プラノフォア（1871 年）

ペノーはゴム動力のプロペラを飛行機の模型（図 2.8）にも採用した．主翼と尾翼をもつ設計は，ケイレイの模型飛行機の流れをくむが，主翼はよりアスペクト比が大きく，両端が上に反る上反角をもっている．尾翼は後縁を上げて取り付けられ，機体に固有の安定性が確保されていた．模型飛行機はパイロットによる操縦がないために，機体自身で安定に飛べなくてはいけない（安定性に関しては第 9 章で説明したい）．そして，胴体にはゴムが張られ，後端のプロペラを回転させた．これらの設計は明らかにケイレイよりも進歩している．実は，ケイレイもヘリコプターの模型をつくって飛ばしているのであるが，プロペラを飛行機に取り付けることは考えつかなかったようである．ペノーはこの模型を「プラノフォア」と名づけ，パリの公園で公開飛行させている．1871 年，プロイセンとフランスの普仏戦争終了の直後であった．飛行時間は 11 秒，飛行距離は約 40 m であり，今から見ても驚異的な飛行であった．

1876 年，ペノーは驚くほど先進的な単葉の水陸両用機を設計し，特許を出願した．エレベータ（昇降舵）とラダー（方向舵）と呼ばれる小さな翼が，操縦のために尾翼に取り付けられた．これらを操作する操縦桿や，出し入れのできる緩衝装置のついた脚など，その後に採用される多くの機構が含まれていた．ペノーが不幸だったのは，軽量なエンジンがその時代には入手できなかったことである．また，機体を製作する資金が集められなかった．そして，独創的な仕事に対する嫉妬や批判に耐えられなくなったのか，天才的なフランス人は 30 歳の若さで自らの命を絶った．

グライダーの父，リリエンタール

ペノーと同じ頃，ドイツ（当時のプロイセン）にはオットー・リリエンタール（Otto Lilienthal：1848–1896）がいた．オットーは中流家庭の長男として生れるが，父親は商売の破綻から酒と賭け事に溺れ，オットーが13歳のときに亡くなっている．オットーには8人の兄弟があったが，他に無事成人できたのは弟のグスタフと妹のマリーのみであった．芸術に造詣の深かった母親は，3人の子供を立派に育て上げるが，オットーの飛行を見ることなく，1872年に肺炎で亡くなっている．

オットーはポツダムの職業学校で抜群の成績をあげ，ベルリン工業技術大学（現在のベルリン工科大学）を1870年に卒業した．その年に勃発したフランスとの戦争のために1年間兵役を過ごした後，ベルリン工科大学の機械工房に職を得た．こうした仕事とは別に，オットーと弟のグスタフは10代の頃から大空の飛行に憧れた．母親にもらった材料で翼を製作し，腕に取り付け，鳥のような飛行を試みたという．人に笑われないよう，暗くなってからの飛行であった．

オットーは母親の影響を受け，音楽や演劇の活動も生涯続けている．そして，1878年に音楽活動を通して知り合ったアグネス・フィッシャーと結婚した．またオットーは，小型で効率のよいボイラーの特許を取得し，1880年頃には自らボイラー工場を開設した．この工場は60人余りの従業員を雇うまでになり，以後，オットーの主な収入源となった．

空気力の実験を行う

リリエンタール兄弟はイギリスの航空協会の会員になり，イギリスの進んだ研究にも接していた．1873年までには，ケイレイのようなアーム式の実験装置を作成し，1874年にはキャンバー翼の優

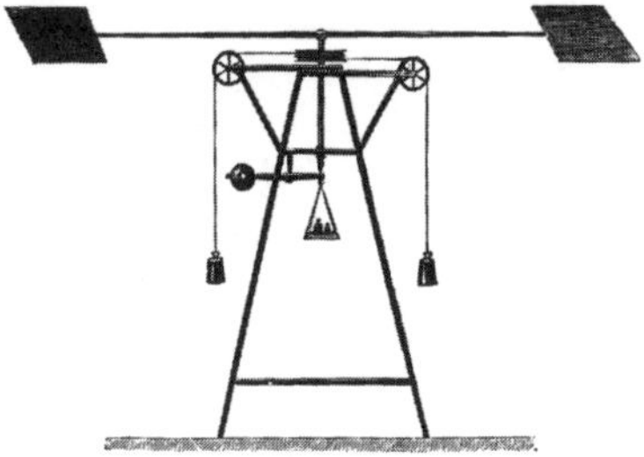

図 2.9　リリエンタールの空気力測定装置

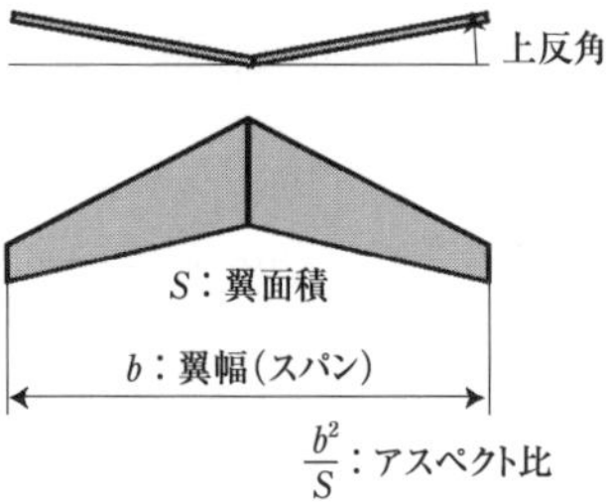

図 2.10　翼のアスペクト比と上反角

位性を発見している．これらの結果が公表されたのは 1889 年になってからであった．ドイツでは，政府により組織された委員会によって，エンジンを用いた空気よりも重い飛行機は成立しないとの見解が出されていた．このことも，リリエンタールのデータ公開が遅れた原因と考えられる．兄弟は，飛行の可能性が明らかになるまで，空気力のデータの公開を避けた．

1886 年，兄弟はドイツの飛行船飛行協会に所属し，1888 年には空気力学の実験を再開した．1873 年から 1874 年に実施した実験結果を確認するために，より大がかりで精密な回転アーム（図 2.9）で実験を行った．アームの直径は 7 m にもなり，翼は幅（スパン）が 2 m，翼弦長（コード）が 0.5 m に及んだ（図 2.10 に翼の平面形に関する用語をまとめる）．また，兄弟は風を用いた計測も実施し，回転アームの結果を確認している．これらは学会で発表され，1889 年には『飛行術の基礎としての鳥の飛行』と題した本にまとめられた．

翼の空気力に関する実験データ

リリエンタール兄弟のデータは，ライト兄弟がグライダーを設計する際にも使用された．航空工学上，重要な役割を果たした彼らのデータを少し詳しく見てみよう．

回転アーム式の測定装置は何種類かつくられたが，だいたい図

2.9のようであった．落下式の重りのつくるモーメントが，空気抵抗のつくるモーメントとバランスすることから，空気抵抗を測定した．アームだけがつくるモーメントを差し引く厳密な測定であった．揚力は，アームが水平になるように中央の重りを調整することから計測した．翼型は中央で最大に反る円弧翼であり，反りの大きさは 12：1 であった．この比は，翼のコードに対する反りの最大値の比を意味する．翼の平面形は円弧を向かい合せた木の葉形であった．

リリエンタール兄弟は，揚力と抵抗を図 2.11 のように示している．揚力とは流れに垂直な空気力の成分で，抵抗は流れ方向の空気力成分である．図の横軸は抵抗で，縦軸は揚力であり，いずれも迎え角が 90 度，すなわち流れに垂直に翼をおいた場合の抵抗で割った値で表示されている．図中の曲線は，迎え角に対する値を結んだものである．この表示は，リリエンタール兄弟が初めて用いたものと思われるが，飛行力学から見ると非常に重要な表示方式である．

グライダーの沈下角（滑空角度）は揚力と抵抗の比（揚抗比）で決まる．図 2.12 に示すような，降下中のグライダーに作用する力の釣合いを考えれば，このことがわかる．実は，図 2.11 から直接に揚抗比や沈下角 (θ) を読み取ることができる．原点から計測データへ直線を引くと，縦軸からの傾きが沈下角に一致する．つまり，最小の沈下角は，揚力抵抗曲線への原点からの接線で与えられる．この見方によれば，キャンバー（反り）のついた翼の優位性は明らかである．図 2.11 の実線はキャンバー翼の，破線は平板翼のデータである．平板の最小沈下角は 23 度程度であるが，キャンバー翼では 10.5 度程度に小さくなる．キャンバーのついた翼を用いたほうが，浅い角度で降下できるので，遠くまで飛行できることになる．

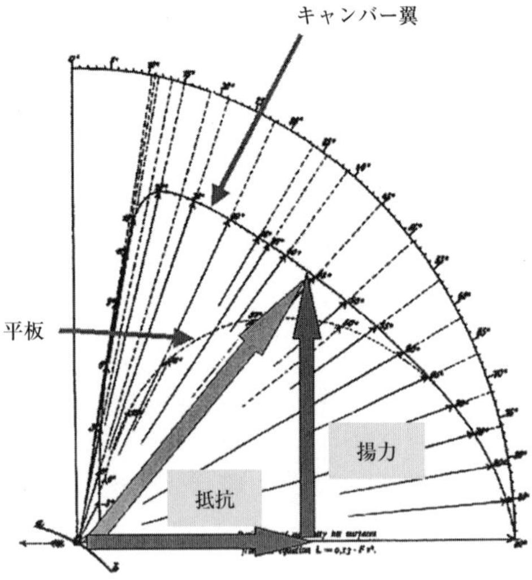

図 2.11　リリエンタールの空気力計測データ
(矢印は筆者)

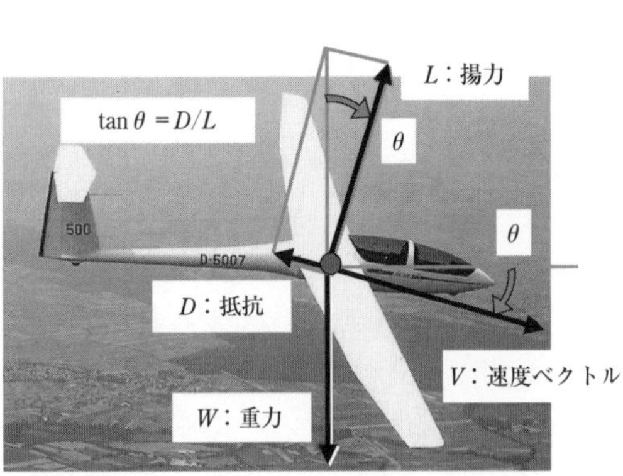

図 2.12　揚抗比（L/D）と滑空角度（θ）の関係

グライダーの製作と飛行試験

リリエンタール兄弟の次の挑戦はグライダーによる実際の飛行であった．彼ら以前には，まともに飛行できた者はいなかったのである．当然，飛行の準備は極めて慎重に進められた．1889 年の夏，スパンが 11 m でコードが 1.4 m の大きな翼を作成する．形状は鳥の翼を写したもので，実験結果を反映してキャンバーがつけられた．翼の中央はパイロットが乗るための穴があけられている．最初は，実際に飛行するには至らず，強度の確認と空力的なバランスが調査された．1891 年の春に，尾翼を備えた機体で短いジャンプに挑戦する．その夏は 1 000 回を超える試験飛行を行い，飛行のコツを習得していく．

リリエンタール兄弟は，ちょうどライト兄弟のように，それまで協力しあって研究を進めていたが，弟のグスタフが建築家として自立したため，その後は，主に兄のオットーが単独で飛行試験を行った．弟のグスタフの飛行は数回しか記録されていない．

1892 年から 1893 年には，試験場を自宅の近くの丘に移し，機体の改造を続けた．1893 年に特許を申請した機体は，スパンが 7 m，翼面積が 17 m^2 で，重量は 20 kg に仕上がっていた．ちなみにこの特許は，イギリスでは 1894 年，アメリカでは 1895 年に認められている．リリエンタールのグライダーは，今でいうハンググライダーである．重心移動がコントロールの手段であったから，むやみに機体を大きくすることはできなかった．

1894 年にはリヒターフェルデに高さ 15 m の円錐状の丘を築き，飛行実験に使用した(写真 2.2)．円錐の頂点から四方に飛び降りることができるので，風向きにかかわらず実験が可能となった．1896 年の墜落事故まで，この丘から飛び降りて，操縦技術の向上と設計の洗練が続けられた．リリエンタールのグライダーは 18 種類つくられた．主体は単葉機であったが，1895 年には複葉機(写真 1.5 参

写真 2.2　リリエンタールのグライダー（資料：リリエンタール博物館）

照)も設計され，両機種で 2 000 回以上の飛行が行われた．

動力機の研究を進める

オットー・リリエンタールはスポーツ的な目的でグライダーの実験を行ったとする説もあるが，彼の最終的な目的は有人動力機であったに違いない．ただし，その方法は，当時の技術的な流れからすると，少し奇妙なものであった．

彼の動力飛行の原点は，鳥と同じようなはばたき飛行であった．圧縮した炭酸ガスによって，約 2 馬力のエンジンを駆動し，翼の外側に取り付けた風切り羽根をはばたかせた．1894 年，実際に製作されるが，結果は思わしくなかった．圧縮ガスによるエンジンは数回の羽ばたきで終わってしまう．また，重量が 2 倍になったため，飛行速度が増し，降下も急になってしまった．1896 年には翼面積を 20 m^2 に大きくした 2 号機が完成しているが，試験を行う前に墜落事故を起こしてしまった．

リリエンタールのような卓越した技術者がなぜはばたき機に固執したのか，理解に苦しむところである．ダ・ビンチの時代ならともかく，19 世紀後半には固定翼とプロペラの組合せで動力機を設計するのが一般的になっていた．ドイツでもそうした提案があったが，リリエンタールははばたき機にこだわった．

リリエンタールの残したもの

1896 年 8 月 9 日，日曜の朝，ベルリン郊外のゴレンベルグの丘で，その日，2 回目の飛行を行った．熱による上昇風が突然機体を失速させ，機体は 15 m の高さから墜落した．機体のダメージはわずかであったが，オットーは背骨を折った．弟グスタフは電報で知らせを受け，月曜の朝に駆けつけた．オットーは弟を認識したものの，意識は二度と戻ることがなかった．8 月 10 日，航空史上最も偉大な人物の一人が亡くなったのである．

リリエンタールの飛行は，飛行機の成立だけでなく，空気力学の発展にも大きな影響を与えている．後に，ライト兄弟の最大の支援者となるアメリカの技術者，オクタブ・シャヌートとリリエンタールは何回となく手紙のやりとりをした．リリエンタールの空気力データはアメリカでも発表された．また，ライト兄弟と初飛行を競ったサミュエル・P・ラングレー教授は 1895 年リリエンタールを訪れ，グライダーの飛行を目撃している．ラングレー教授は飛行のための丘に関心を示したものの，グライダー自体には大した興味を示さなかったといわれる．これは，操縦技術を軽視した彼の考え方を如実に表している．ポトマック川でのエアロドロームの墜落を暗示しているかのようである（詳細は第 11 章に書きたい）．

リリエンタールはグライダーの販売も行い，実際に 8 機が売れたという．そのうち 1 機は，アメリカの新聞発行者の W・R・ハーストに売られた．現在，スミソニアン博物館に展示されているものである．また，後にモスクワで翼理論をつくりあげるジュコーフスキーもリリエンタールを訪ね，1 機購入している．航空史家チャールス・スミスの「飛行機の歴史はリリエンタールの中に集約され，未来はリリエンタールの中に生れた」という言葉どおりであった．

再評価されたリリエンタールの飛行

リリエンタールの評価は，当初ドイツ国内では驚くほど低かった．ドイツでは動力飛行は不可能と考えられていたことも影響しているようだ．ライト兄弟が1908年ヨーロッパで華麗な飛行を披露するまで，リリエンタールが正当に評価されることはなかった．

その後第一次世界大戦が近づき，航空を盛り上げるためにオットーが国民的英雄に祭り上げられた経緯もあって，1914年，ようやく国民の基金によって記念碑がつくられた．オーヴィル・ライト（兄のウィルバーはすでに亡くなっていた）も基金を求められたが，彼は基金を援助するのでなく，当時，貧困な生活を送っていたオットーの妻に1 000ドルを寄付したという．リヒターフェルデにある墓石には，「犠牲は払われなければならない」と刻まれている．危険な飛行を繰り返した彼の口ぐせであった．

初飛行の栄冠はだれのもとに

歴史を調べる楽しみは，「もしも」を考えることである．ペノーやオットー・リリエンタールが長生きしていたら，ライト兄弟よりも先に動力飛行に成功できたであろうか．リリエンタールは墜落しなければ，さらに研究を進めたであろう．しかし，はばたき翼に固執したリリエンタールが，プロペラ式の推力に切り替えることができたかどうか，大きな疑問が残るところである．

一方，ペノーが長生きしていれば，初飛行の栄冠はペノーが勝ち得ていたかもしれない．ペノーが死んだ3年後の1883年，ドイツのダイムラーは小型の4サイクル・ガソリン・エンジンを完成させている．軽量エンジンさえ手に入れば，ペノーは飛べたに違いない．

こうした先人たちの業績を調べてくると，ライト兄弟が突然変異のように飛行機を完成させたわけではないことがわかる．飛行の理論が明らかになりつつあり，軽量のエンジンが出現した時代にいたライト兄弟は幸運であった．時が兄弟に味方していたといえよう．

第3章　飛行機の研究に着手する

1896年のリリエンタールの墜落事故がきっかけとなり，ライト兄弟は飛行機に強い関心をもつようになった．リリエンタールの華麗な飛行に刺激され，飛行機の研究を始めたものは，もちろんライト兄弟だけではなかった．アメリカではシャヌートとラングレーが，すでに精力的に研究を進めていた．オクタブ・シャヌート（Octave Chanute：1832–1910）は橋梁の設計技師として，サミュエル・ピアポント・ラングレー（Samuel Pierpont Langley：1834–1906）はペンシルベニア・ウェスタン大学の天文学と物理学の教授として，共に名声を博していた．若いライト兄弟が彼らを追い越せた理由はどこにあったのであろう．

ライト兄弟，活動を開始する

自転車事業が軌道に乗ったライト兄弟は，飛行に関する資料に目を通すことから研究に着手した．厳しい冬の間は自転車に乗る人も少ないため，二人には時間をかけて調査する余裕があった．ケイレイやペノーの業績を知ったのもこのときであった．ペノーは，兄弟が子供の頃遊んだヘリコプターのおもちゃをつくった人でもある．

さまざまな資料を読み尽くしたライト兄弟であったが，より大きな収穫は空飛ぶ鳥の観察であったに違いない．マレーの『動物のメカニズム』に載った鳥の飛翔の写真に魅せられた兄弟は，双眼鏡をのぞき，多くの時間を鳥の飛び方の観察に費やしたという．

1899年，兄弟はついに活動を開始する．その年の春，ウィルバーはスミソニアン協会に手紙を書き，航空に関する最新の資料を問い合わせた．協会からは小冊子や参考資料のリストが送られてくる．そのなかには，ラングレーの『空気力学の実験』，シャヌートの『飛行器械の進歩』，リリエンタールの『飛行の問題と飛行に関する実用的実験』などが含まれていた．

解明されていなかった飛行の要素

これらの資料を詳細に検討することで，兄弟は航空工学の当時の全容を知ることができた．飛行の要素とは，自重を支える揚力を得ることと，抵抗を打ち消す推力を得ること．それらについてはすでに説明したとおりである．先人たちの努力によって，ライト兄弟の時代には，この二つの要素はある程度めどがついていた．実は，もう一つ飛行の大きな要素がある．それは，機体のバランスをとる操縦技術である．

ケイレイやペノーは，模型飛行機から飛行機の設計をスタートした．模型飛行機は，もちろんラジコンなどができない時代であったから，飛び出した後は機体を制御できない．今の紙飛行機と同じである．そのために，機体には固有の安定性が要求された．しかし，鳥は巧みに翼を操りながら自由に空を飛べるではないか．飛行機の研究で欠けているものがあるとすれば，それは操縦技術だということに兄弟は気づいた．

鳥の飛行の技を探る

ライト兄弟以前に操縦技術を最も習得していたのは，グライダーを自ら操縦したリリエンタールである．彼は現代のハンググライダーのように体重を前後，左右に自由に移動させ，機体を操縦した．まず，ライト兄弟は鳥の飛行を詳細に観察し，リリエンタールの飛行と比較することにした．

リリエンタールの方法，すなわち体重を移動させる方法は，確かにグライダーに対しては有効であったが，エンジンを搭載するような大きな機体になった場合にも機能するとは到底思えなかった．兄弟は，同乗者や荷物を載せることができる実用的な動力飛行機の完成を目指していた．大きな機体を操縦できる方式を確立することが必要であった．

兄弟は，操縦のヒントを鳥の飛び方から得たという．大きな鷹(たか)が滑るように飛行する様子を見ていると，左右の翼を微妙にねじらせていることがわかった．翼の前縁を上げるように翼をねじると，迎え角が増し，揚力が増える．反対に前縁を下げると，迎え角が減って，揚力が減少する．左右の翼を反対方向にねじると，左右で揚力に差が生ずる．その結果，揚力が増えた翼は上に，減った翼は下に動き，体は水平に対して傾くことになる(図 3.1)．鷹は，こうして下がった翼の方向に旋回する．左右の翼を微妙にねじらせて，自由な方向に飛んだり，体の姿勢を安定させたりしている．

問題は，飛行機の翼は自らの自重を支える大きな揚力をつくれるように頑丈にしなくてはならないことである．飛行機の翼を鳥のように自由に変形させるためにはどうしたらよいか．兄弟はこの問題を解決することが，動力飛行の検討よりも重要であるとの結論に達した．「頑丈である」ことと「自由に変形できる」こと，この相反する要求を，重くならないように実現するメカニズムを見つけることが兄弟の最初の研究課題となった．

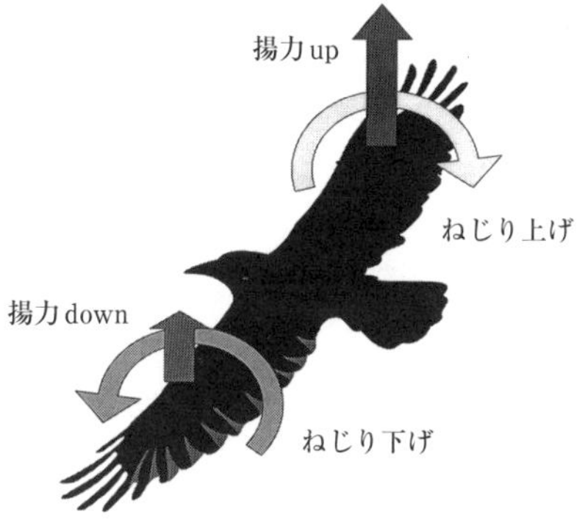

図 3.1　鳥の翼のねじり

凧を飛ばす

ウィルバーは，翼を変形させるメカニズムをボール箱から得たと説明している．自転車タイヤのチューブが収納されていた細長いボール箱をねじったとき，そのヒントは得られた．ボール箱をもって，左右でねじったときの変形こそ，求めていたメカニズムであった．箱の上面と下面を翼，すなわち複葉と見なせば，翼を簡単に左右でねじることができる．1899 年 7 月も半ばすぎのことであった．

ライト兄弟は早速グライダーの製作にとりかかった．最初は，人が乗らず，ひもで操る，いわゆる凧であった．スパン 150 cm，コード 33 cm の翼を上下につなぎ，翼の先端から 4 本のひもをのばし，操縦用の X 字形の棒にくくりつけた（図 3.2）．凧を上昇させるには，迎え角を増すよう 2 本の棒の上部を手前に引けばよい．降下させるのはその逆で，下部を手前に引くことになる．旋回させるには，棒をねじるような操作をする．右の上部を手前，左を向こうに倒せば，正面から見て右の翼の揚力が増し，左の揚力が減少する．その結果，凧は左に傾き，左に流れる．凧を止めるには，反対の操作をすればよい．

飛行実験場を探す

デートンの丘で，凧を自由に操れることを確認した兄弟は，より大きなグライダーの設計にとりかかった．今度は，人が乗って操縦できるグライダーである．そのためには，実験場を探さねばならなかった．実験場の条件は三つあった．一つは広い砂地であること．

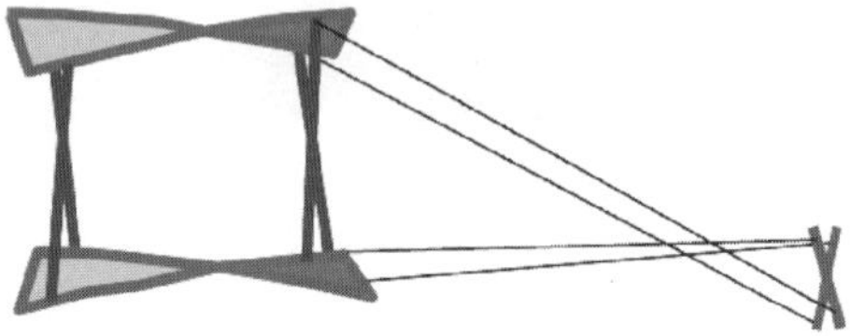

図 3.2　ライト兄弟，1899 年の凧

安全な着陸をするために必要であった．リリエンタールの事故を知る兄弟は，安全には格別の注意を払っていた．二つ目は強い風がいつも吹いていること．エンジンをもたないグライダーである．揚力を得るためには向かい風に乗らなくてはならない．三つ目は見物人に実験を邪魔されないこと．大きな凧を飛ばす兄弟のまわりには，いつも大勢の見物人が集まってきたのだ．

ウィルバーはワシントンのアメリカ気象局に手紙を書き，全米各地の風の情報を入手することにした．そのなかから，ノースキャロライナ州のキティホークが候補にあがる．兄弟は，キティホークの観測所に「科学的な凧の実験を行いたい」と手紙を出した．小さな観測所の所長と，郵便局長から詳細な情報を得た兄弟は，聞いたこともなかったアウターバンクスの砂浜を実験場にすることを決意した．彼らの家のあるデートンから遠く離れ，しかも辺鄙(ぴ)なキティホークで初飛行を行った理由はこうした事情からであった．

第4章 グライダーを飛ばす

キティホークでの実験に向け，ライト兄弟は人が乗れる最初のグライダーを設計した．1899年の凧を基本とするが，人が乗れるように約3倍の大きさになった．スパンは5.3 m（17.5 ft），コードは1.5 m（5 ft）であった．この寸法は，リリエンタールの実験データに基づいて決められた．その詳細については第5章で詳しく調べるので，ここでは話を先に進めたい．

エゾマツ（スプルース）の柱を翼の前後に桁（けた）として通し，細い木で桁をつなぎ，綿布を張って翼を完成させた．複葉にして翼をたわませる構造は1899年の凧と同じである．下の翼の中央部は操縦士が横たわれるように綿布を張っていない．リリエンタールのように体を立てないのは，空気抵抗を少しでも減らすためであった．自転車レースの経験から，体を倒せば空気抵抗が減ることを兄弟は体得していたのであろう．

機体前方に単葉の小翼を設けた．この小翼は機首を上げたり下げたりする操縦に使用され，兄弟はこれを水平舵と呼んだ．水平舵の前方を上げ揚力を増せば機首は上を向き，前方を下げれば機首は下を向く．ケイレイにせよリリエンタールにせよ，水平尾翼をもっていたから，水平舵と呼ぶ小翼を前方におくことはライト兄弟のオリジナルであろう．このような設計をした理由はいろいろ考えられるが，リリエンタールの事故が大きく関与したようだ．

水平舵を前方におく

リリエンタールは失速で命を失った．現在でも失速は恐ろしい．翼の流れに対する角度（迎え角）が何らかの理由である値を超えると，翼の上面の流れが激しく乱れる．このとき揚力を大きく失い，機体は急降下する．これを失速と呼ぶ．十分な高度があれば機体の姿勢を立て直す余裕があるが，リリエンタールやライト兄弟のグライダーでは飛行高度もたかが知れている．失速は墜落を意味した．

リリエンタールのグライダーのように主翼が前，尾翼が後ろにある場合，失速して主翼が揚力を失うと，頭から墜落する．それに対してライト兄弟のグライダーでは，主翼が揚力を失っても，後ろが先に下がるため，頭から墜落する危険性は低いと考えられる．また，仮りに頭から地面に突っ込んでも，先頭にある水平舵が衝撃のエネルギーを吸収でき安全である．

水平舵を手で操作するためのレバーが機体に取り付けられた．機体の傾きを操作するために，1899 年の凧で実験した方法，つまり翼をたわませてねじる方法を採用した．翼をたわませるためのレバーは足元にあり，これを足で押せば，左右に翼を傾けることができた．

キティホークへ向かう

兄ウィルバーが一足先に汽車でキティホークへ出発した．1900 年 9 月 6 日であった．オーヴィルは自転車店を離れる準備ができ次第，兄に合流する計画であった．兄弟はグライダーを分解し，他の荷物やテントとともに送り出した．長い主翼の桁だけは送ることが困難だったので，現地で調達することにした．

途中，ノーフォークの木材店で 5.5 m（18 ft）のエゾマツ（スプルース）を探すが，結局 4.9 m（16 ft）のストローブマツ（白マツ）しか入手できなかった．ストローブマツはエゾマツより「しなり」がなく，何よりも丈が足りない．翼が予定よりも小さくなってしまうが，ほかに手もなく，購入した木材を荷に加えた．

エリザベスシティーからは汽車がなく，アウターバンクスへ渡るため漁船をチャーターした．キティホークへ到着したのは 9 月 13 日である．第 1 章にも書いたように，苦しい旅であった．キティホークには，ウィルバーが天候や地形を問い合わせた観測所と郵便局が確かに存在した．しかし，それ以外には民家が数軒まばらに見えるだけである．風は強いが，夜には恐ろしい強風となって吹き荒れ，とてもグライダーを楽しむような場所ではなかった．

オーヴィルが兄を追って到着したのは9月28日であり，二人は激しい風と砂の中でテントを立て，グライダーづくりにとりかかった．正装で作業に熱中する兄弟に，村の住人は興味をもった．

1900年グライダーの初飛行

最初は，グライダーを凧のように綱にしばり飛ばした（写真4.1）．10月10日，いつものように実験をしていたところ，強風にあおられ，機体はあっという間に大破してしまった．ほとんど修復不能のような状態に兄弟はなすすべもなく実験をあきらめた．一時はキティホークを去ることまで考えたが，なんとか気を取り直し，修理にかかった．それまで遠巻きに見物していた村人たちは兄弟のひたむきさに心を打たれ，協力を申し出た．例えば，郵便局長ビル・テートの夫人は，新しい機体のために翼に張る布を彼女のミシンで縫い上げ，兄弟を助けた．こうした村人の協力もあって，1週間後には実験を再開できるまでになった．

ついに有人の自由飛行にステップを進めることになった．キル・

写真4.1 ライト兄弟，1900年のグライダー

デビル・ヒルの小高い丘にグライダーを運び，兄弟が交代で下の翼に腹ばいになった．キル・デビル・ヒルは集落のあるキティホークから離れたところにあったが，以下ではキティホークという一般の名称を使用し，両者を区別しないことにする．ビル・テートや，彼の異母兄弟で漁師のダンに翼の片側を支えてもらい，風に向かって滑空を開始した．水平舵は予想以上に良好に作動し，兄弟は機体を滑らかに着陸できるまでに操縦に習熟した．

翼をたわませる機構は，凧のようなひもでつないだ場合にはうまく作動したが，自由飛行時には問題があった．水平舵と翼のたわみを同時に操作することが容易でないことも判明した．それでも調子がよければ，15 秒から 20 秒，距離にして 90 m から 120 m の飛行が可能になった．

持ち上がった課題

1900 年 10 月 23 日，兄弟は彼らにとって最初のグライダーによる飛行テストを終えた．完全に満足できるわけではなかったが，基本的な考え方に大きな誤りがないことを確認できたのは大きな収穫であった．翼をたわませて機体を傾ける操縦は，1899 年の凧で確認していたが，実際の自由飛行ではうまく機能しないことが判明した．これに対して，水平舵は予想以上の出来であった．リリエンタールのように体重を前後に移動させる方法よりも操縦は難しいと考えていたが，レバーの操作は快調であった．自由に機体を上昇，降下，さらに着陸へと操ることができた．

操縦方式には確かな手応えを得たのだが，肝心の揚力に関してはどうも予想とは大きな食い違いがあった．兄弟はリリエンタールのデータに基づき翼の大きさを決めていた．迎え角 3 度で，秒速 9.4 m（21 mph）の風で自重を支える揚力を発生できる見積もりであった．しかし，現実に機体が浮くためには，20 度以上の迎え角で，風速が秒速 11 m（25 mph）を超えなくてはならなかった．こんなに大きな迎え角では，翼上面の流れは激しく乱れる．空気抵抗も大きいうえ，姿勢を維持するのも困難になる．明らかに揚力が見積もりより不足していた．

揚力が不足する理由

理由はいくつか考えられた．一つは途中のノーフォークで入手した木材が丈不足であったことである．ただし，18 ftの予定が結局17.5 ftに短縮したといっても，揚力は翼面積に比例するから，それによる低下はたかが知れている．

もう一つの理由は翼型の違いである．翼は上に反ると性能がよくなる．リリエンタールの翼は円弧状で，最大の反りは中央でコードの12分の1（12：1）であった．これに対してライト兄弟は，反りの最大位置を翼前縁の近くに思い切って移動させ，最大の反りをより小さく22：1とした．彼らなりの考察があっての変更であった（詳細は第6章で解説したい）．この変更が，リリエンタールの翼よりも揚力を小さくしたということも十分考えられた．

翼の布の仕上げも気になった．1899年の凧では，表面を空気が通り抜けないようにコーティングされていたが，1900年のグライダーではそうした処理がなされていなかった．そして兄弟は，遂にリリエンタールのデータそのものに疑いの目を向ける．

オクタブ・シャヌート

思い悩んだ兄弟は，1900年11月16日にシャヌートに長い手紙を書き，状況を説明した．フランス生れのオクタブ・シャヌート（Octave Chanute：1832–1910）は，ライト兄弟とは親子ほど年が離れ，すでに航空工学の研究家として世界的な名声を得ていた．もともとは土木技師であり，カンザスシティーにあるミズーリ川に架かる橋の設計などで業績をあげ，1890年からはシカゴに土木会社を興していた．

シャヌートが飛行機に興味をもったのは，アルフォンス・ペノーの論文（1876年）を読んでからといわれている．1880年代から航空の歴史を広範に調査し，その結果を次々と公表し，1894年に『飛行器械の進歩』と題する本にまとめた．ライト兄弟もこの本を入手することになる．シャヌートの活動は急速にアメリカ中に広まり，全国でグライダーの実験が開始されるきっかけともなった．彼らは飛行仲間として，シャヌートとつながりをもつようになる．シャヌートは若い飛行家たちを励まし助言を与える立場にあった．

シャヌートのグライダー実験

シャヌートは，すでに高齢であったため自ら飛行することはなかったが，彼のもとに集まった若い飛行家たちに出資してグライダーの実験を支援した．1896年，リリエンタールが事故死したその年に，シカゴの東にあるミシガン湖の砂丘においてシャヌートの最初の飛行試験が行われた．機体はリリエンタール型の単葉機であったが，風が乱れ20 mの飛行にとどまった．

2機目は，10枚以上の翼をもつ奇妙な機体であった．しかも，翼はピボットでつながれ胴体フレームにゴムで固定されていたから，翼は自由に動くことができた．風に翻弄された1機目の反省として，どこから風がきても翼が自動的に安定な位置に落ち着くように設計したのだという．人間の技ではとても機体を操れないと考えたシャヌートなりの策であった．1回目と同様，ミシガン湖の砂丘で実験を行い，前5枚，後ろ1枚の翼の組合せがよいことを突き止めるが，それでも飛行距離は25 mにとどまった．

シャヌートのグライダーも3機目になり，ようやく満足な飛行が可能になった．主翼は3葉または2葉で，土木技師であるシャヌートの経験を生かしてトラス状に組まれていた．尾翼はケイレイ式の十字翼で，2機目の方針であった弾性支持が採用されていた．操縦はリリエンタールと同じく体重移動式であった．

複葉のグライダーは最長109 mを飛行し，シャヌートを喜ばせた．自信を得たシャヌートは見物人にも飛行のチャンスを与えた．何人かは実際見事に飛行でき，人々は飛行機の出現を間近に感じることができたに違いない．この機体は，シャヌートに協力し，グライダーを作成し飛行したヘリングの名もとって，シャヌート・ヘリングの複葉機と呼ばれる．複葉の構造など，ライト兄弟にも大きな影響を与えたことは間違いない．

ヘリングの動力付きグライダー

ところで，ヘリングはこの成功の後，シャヌートと意見が合わず，自らの機体を製作することになる．すぐさま動力飛行を試みようとするヘリングをシャヌートがたしなめたのが原因だったらしい．シャヌート・ヘリングの複葉機と同様な機体に，圧縮空気を用いたエンジンによってプロペラを駆動する動力機であった．1898年11月ミシガン州セントジョセフで，ヘリングはこの機体を最長22 mほど飛行させた．

この飛行は，動力で自力飛行したとは見なされず，動力付きの滑空飛行としか評価されなかった．初の動力飛行の栄冠を勝ち取ることはできなかったのである．シャヌート・ヘリングの複葉機はエンジンを搭載すれば飛行機になると考えられがちであるが，機体を操縦する明確な手段がないままでは単純な滑空機の域を超えることは不可能であった．

ライト兄弟，1901年グライダーを設計する

シャヌートはこの後も飛行機の研究を続け，多くの挑戦者たちをバックアップした．ライト兄弟の問合せにも親身に対応し，兄弟のよき相談役，理解者として精神的に支援し続けることになる．ライト兄弟は，1900年にキティホークで実験する際にもその計画をシャヌートに打ち明けていた．

1900年のグライダーで揚力の不足に悩んだ兄弟は，揚力を測定する実験を行った．V字形の枠をつくり，それぞれに反り（キャンバー）の違う翼を取り付け，揚力の違いを計測した．こうした実験で，リリエンタールのように翼の反りを大きくすると，確かに揚力が増すことを確認した．文通によるシャヌートとの技術的な議論でも，リリエンタールのように最大反りを 12：1 に大きくするのがよいということになった．それでも，依然として，リリエンタールのデータには疑問が残り，翼の反りをリリエンタールと同じ 12：1 に大きくすると同時に，1901 年のグライダーでは翼面積を思い切って大きくすることにした．翼のスパンは 6.7 m（22 ft），コードは 2.1 m（7 ft），重量は 44 kg（98 lb）になった（写真 4.2）．

グライダーの基本的な設計は 1900 年と同じであったが，前年の飛行実験結果を反映し，細かな点が改良された．うまく操作できなかった翼のたわみ機構は，足で操作する方式を廃止した．下の翼に腰を支える木製の鞍（くら）を左右に動くように取り付け，これに翼をたわませるワイヤーを取り付けた．左に傾いた場合，体を右に移動すれば，反対方向に傾くように翼をたわませることができた．また，着陸用のそりも新たに装着された．

写真 4.2　ライト兄弟，1901 年グライダーの飛行

少しでも早い飛行実験の再開を望んだ兄弟は，チャールズ・テイラーという技師を雇い入れ，本業の自転車店を任せることにした．7月10日にはキティホークに到着し，準備を進めた．今回は，兄弟には余裕があり，来訪者も予定されていた．シャヌートと彼の仲間が兄弟の実験を観察し，またシャヌートの設計になるグライダーの実験も行う計画であった．

2年目の飛行実験

秋を待たずにキティホークに着いたことを，兄弟は後悔することになる．1週間も雨にたたられたうえ，その後は蚊の大群に襲われた．キティホークは「蚊を食べるトンボ」の意味らしく，蚊が大量発生するところなのだ．やがて蚊もいなくなり，実験を始めることができるようになったのだが，去年のグライダーのようには飛んでくれない．ここからが真の苦しみの始まりである．

問題の一つは，昨年は良好に機能した水平舵が急にぎこちなくなったことである．わずかに水平舵を操作しただけで急激に頭上げの姿勢をとり，急上昇し，失速するようになってしまった．あるとき，ウィルバーの操縦で機体は9 m も上昇した．巧みな操縦で水平に戻し，無事に着陸させることができたものの，1900年のグライダーのようにうまく操ることができなかったのである．

今の知識で考えれば，反りの大きな翼にしたことに問題があった．反りを大きくすると確かに揚力は大きくなるが，迎え角によって揚力の作用点（圧力中心）が大きく移動し，操縦が困難になる．詳しくは，第6章で解説したい．兄弟もそのことに気づき，最大の反りを12：1から19：1に減らし，実験を再開する．依然として，揚力は不足するものの，風が強ければ119 m も滑空飛行させることができた．キティホークを訪れたシャヌートもその見事な飛行を目撃した．シャヌートは，ライト兄弟の飛行の見学を兼ねて，自らのグライダーの実験を行うためにキティホークに滞在していた．彼は自ら手がけた機体が悲惨な状況であったにもかかわらず，ライト兄弟の順調な飛行を我がことのように喜んだという．

1900年の飛行状況に戻ったことに気をよくした兄弟は，早速次の課題に取り組んだ．翼のたわみによる旋回である．ここでまた新たな問題に直面した．翼をたわませると，下がった翼は失速傾向にあるのか，かすかに振動した．その後，揚力を増して上がった翼は急激に向きを変え，激しい旋回に陥った．あるときウィルバーは水平舵の上に投げ出され，切り傷やあざをつくってしまった．

依然として残された課題

8月20日まで実験を続けたが，結局，問題は解決せず，兄弟はキティホークを去ることにした．昨年のグライダーを改良したつもりであったが，事態は一向によくなっていなかったことに兄弟は落胆した．後にウィルバーは次のように書いている．

「人間はいつかは飛べるだろう，だが自分が生きている間にはかなうまい．」

1900年と1901年のライト兄弟のグライダーによる実験を調べると，兄弟の前には動力飛行までに解決しなければならない大きな課題が控えていたことがわかる．リリエンタールのデータによって機体の大きさを決めたものの，揚力は明らかに不足した．鳥を手本に旋回できる方式を考えたものの，理想とする操縦とは程遠いものであった．

第2章の最後に，幸運な時期に飛行機の開発を志し，「時が兄弟に味方していた」と書いたが，状況はそれほど単純でなかった．先人の経験やデータに基づき機体をつくり，新しく開発された軽量なエンジンを搭載しただけで完成するほど飛行機は簡単ではなかったのだ．

第5章　グライダーの揚力を計算する

1901年のグライダーを実験した兄弟は，リリエンタールのデータはやはり間違っていると確信するようになった．今日，空気力学の知識を用いれば，彼らのグライダーが発生する揚力を計算することは簡単である．しかし，翼の揚力が計算できるのは，20世紀になってからである．ライト兄弟はどのように翼を設計したのであろうか．少し脇道にそれるが，空気力学の進歩をたどりながら，彼らの抱えていた問題点を明らかにしたい．

なぜ揚力は発生するか

翼に揚力が発生する理由について，次のような説明がなされることがある．

翼は上に反っているので，翼の前縁で上下に分かれた流れは，後縁で同じ時刻に合流するためには，上面の流れのほうが下面の流れよりも速くなくてはならない（図5.1）．速い流れはベルヌーイの定理によって圧力が下がる．この上下の圧力差が揚力となる．

図5.1　上下の流れが後縁で一致するという間違った揚力の説明

うまい説明ではあるが，残念ながら間違っている．前縁で上下に分かれた流れは，なにも同じ時刻に後縁で合流する必要はまったくない．風洞の中で煙を流すと，これを確かめることができる．上面の流れは下面の流れを待たずに早く後縁を通り過ぎる．こんな説明が持ち出されるのは，揚力の発生メカニズムが複雑なためである．ライト兄弟の時代には，その理由はまだ理解されていなかった．

説明に入る前に，用語の整理をしておきたい．飛行機は風のある大気中を運動する．空気力に関係するのは翼と気体の相対速度である．風洞実験では，翼を固定し，一様な流れの中において空気力を測定するのはそのためである．空気から受ける力は，翼表面の各部での空気圧によって発生する．つまり分布力であるが，扱いを容易にするために，翼の前から1/4の位置（4分の1コード位置）に力を集中させて考える．この点を空力中心と呼ぶ．力は方向と大きさをもつベクトルであり，空気力も流れに垂直な揚力と平行な抵抗に分けて考える（図5.2）．さらに，4分の1コード位置を支えた場合に，翼を回転させるトルクが作用する．これを空力モーメントと呼ぶ．

ニュートンによる空気力学の夜明け

空気力学の夜明けはニュートンから始まる．アイザック・ニュートン（Sir Isaac Newton：1642–1727）は当時問題となっていた惑星

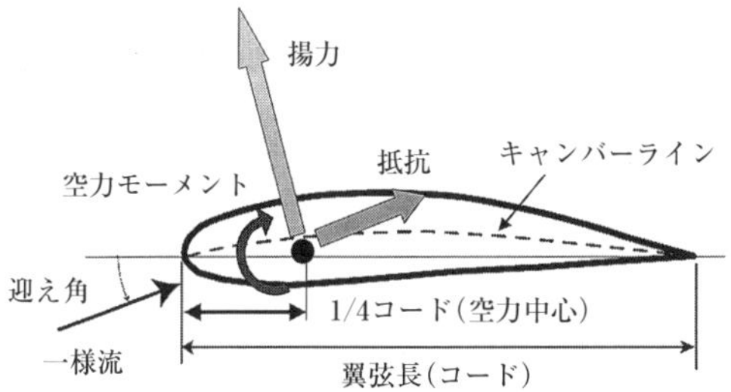

図5.2　翼に作用する力とモーメント

の運動を解明するために，運動の三法則を導き，1687 年に『プリンキピア』（自然哲学の数学的諸原理）を著した．この法則はその名のように三つからなる．

第一法則は，慣性の法則と呼ばれる．簡単にいえば，力の作用していない物体は，静止状態を続けるか，同じ速さで直線的に運動するというものである．地球と月の関係を考えてみよう．もし，月が地球から力を受けなければ，月は地球を周回せず直線的に運動することになる．

第二法則は，運動の法則と呼ばれ，運動の変化は物体に及ぶ力に比例し，その力の及ぼされる方向に起こるというものである．再び月の運動に関していえば，地球のまわりを周回するのは，地球から引力という力を受けるためである．

第三法則は，作用反作用の法則である．つまり，二つの物体が及ぼしあう力は，大きさが等しく逆向きになる．地球が月に及ぼす引力は，逆に月が地球に及ぼす引力でもある．地球の引力は月を引き付け，月の引力によって地球では潮の満ち引きが発生する．

当時，デカルト（1596–1650）の学説によって，宇宙は無限の広がりをもつ均質な物質で満たされていると考えられていた．月がこうした物質中を運動すれば，抵抗を受け，いずれは地球に落ちるはずである．ニュートンは運動する物体に作用する抵抗を計算し，宇宙が真空でなければならないと主張した．デカルトは「われ思う，ゆえにわれ在り」という言葉で知られるフランスの哲学者である．数学的な解析の方法を，学問の普遍的方法として一般化するデカルトの思想は，近代科学の発達を促した．しかし，宇宙の真空を否定した彼の学説は，その後のケプラーらの天文観測と矛盾するものであった．

ニュートンの考えた空気力学

ニュートンは惑星の受ける抵抗を計算し，宇宙は真空であること

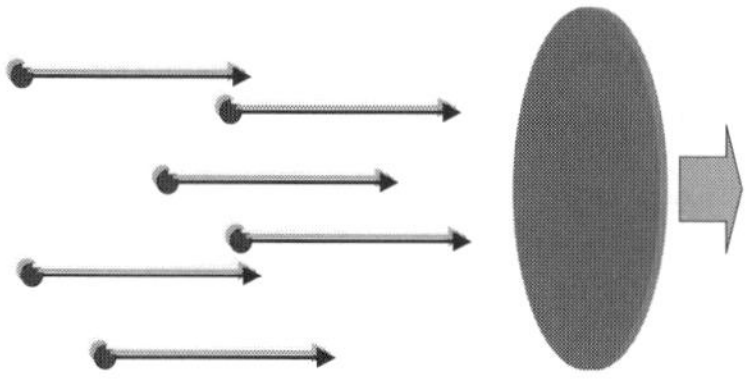

$D=\rho V^2 S$

ρ：空気密度，V：速度，S：面積

図 5.3　ニュートンの考えた空気抵抗

を証明した．ニュートンの計算法は，彼のつくった運動の法則によるものであった．流体を細かな粒子の集合と考え，粒子が物体に衝突する力の反力として抵抗を計算した．そして，1687 年に大きさの異なる球をセントポール寺院のドームから落として抵抗の違いを確認した．

面積 S の円板が速度 V の流れに垂直におかれた場合の抵抗を考えてみよう．円板に衝突する粒子の運動量（質量と速度の積）の変化を求めることで，抵抗を計算することができる．単位時間に円板に衝突する粒子の質量は，空気密度 ρ と流速 V と円板の面積 S の積となる．流速が衝突後は 0 になると考えると，速度の変化は V となり，衝突による反力は図 5.3 のようになる．つまり，空気抵抗 D は

$$D=\rho V^2 S$$

となる．しかし，後で示すように，この結果は実測値の約 2 倍になり，決して精度のよいものではなかった．

よみがえったニュートンの空気力学

ニュートンの理論は抵抗のみならず，揚力も計算することができる．ただし，当時，飛行機はまだ人々の関心事ではなく，彼が実際に揚力を計算したわけではない．ニュートンに代わって揚力を計算

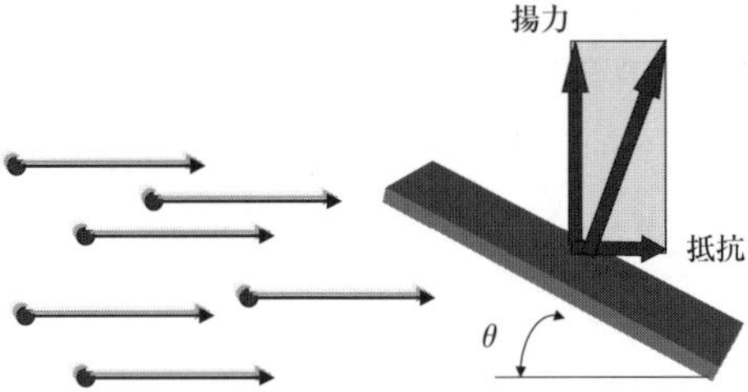

$$L=\rho V^2 S \sin^2\theta \cos\theta$$

$$D=\rho V^2 S \sin^3\theta$$

図 5.4　ニュートンの理論による揚力と抵抗

してみよう．

図 5.4 のように，流れに対して傾き θ をもった板を考える．板に衝突する粒子は，板の面に垂直に力を及ぼす．この力のうち，流れに垂直な成分が揚力，水平な成分が抵抗である．結果は図 5.4 のようになる．しかし，ニュートンの空気力学による揚力の計算結果は，実際の値より 1 桁も小さくなってしまう．

さすがのニュートンも，揚力を正確に計算することはできなかったが，ニュートンの理論は彼の死後 200 年以上も後に役立つことになる．飛行速度が音速の 5 倍以上，すなわちマッハ 5 以上では，空気の流れは粒子の流れのように振る舞うことが明らかになった．こうした流れは極超音速流と呼ばれている．マッハ 5 以上の速度で飛行できた飛行機は NASA の実験機 X-15 のみであるが，アポロ有人宇宙船や，スペースシャトルが大気圏に再突入して帰還する場合も，飛行速度は極超音速となる．宇宙から帰還する宇宙船の飛行速度は，大気圏に突入してマッハ 20 から急激に減速する．こうした極超音速流中の物体の空気力を推算する方法として，ニュートンの計算法が使用されている．ニュートンの空気力学が現代によみがえったのである．

空気力学の大定理「ベルヌーイの定理」

ニュートンの空気力学の限界は，空気の流れを粒子の直線的運動と捉えたところにある．その後の空気力学は，空気を連続な物体として扱うことによって発展する．古代ギリシャの哲学者アリストテレスが，無限に分割できる物体として気体や流体を考えたように，空気を連続な物質として捉えることはむしろ自然であった．

連続体としての流体力学の基礎をつくったのが，この章の冒頭に出現したベルヌーイの定理で有名なダニエル・ベルヌーイ（Daniel Bernoulli：1700–1782）である．スイスのベルヌーイ一族は世界でも例がないほどの学者の家系で，12名もの著名な数学者，物理学者を輩出している．しかし，学者ならではのトラブルも伝わっている．ダニエルの父親ヨハンは，兄のヤコブとバーゼル大学の教授ポストを争い兄弟げんかをし，この争いは51歳でヤコブが亡くなるまで続いたという．そのヨハンは，息子のダニエルがフランス科学アカデミーで賞をとったことに嫉妬し，ダニエルを家から追放したといわれている．ただし，彼らが近代科学の発展に多大な貢献をしたことは間違いない．ヤコブとヨハンは微分積分学において，ダニエルは流体力学において，重要な功績を残した．

ダニエル・ベルヌーイはスイスのバーゼル大学で医学博士号を取得後，ペテルブルグに滞在し，数学や物理学を研究した．当時の科学者はロシア皇帝のような絶対主義王権の庇護のもとで研究に専念した．ダニエルは，その後バーゼル大学の教授となり，ペテルブルグ滞在中の研究を『流体力学』として発表した．1738年のことである．ダニエルはニュートンの運動の法則を基礎とし，さらにライプニッツ（1646–1716）の活力（今でいう運動エネルギー）の考えを導入し，運動する流体の解析を試みた．『流体力学』の中で，水槽の底のホースから噴出する水の速度を求め，これがベルヌーイの定理となった．

オイラーが完成したベルヌーイの定理

ベルヌーイの定理は，「流体の速度が増加すると圧力が下がる」と説明されている．図 5.5 は，水平な流体の 2 点における速度と圧力の関係を表している．図中の式がベルヌーイの定理として教科書に載っているが，不思議なことに，ベルヌーイの著した『流体力学』にはこの式がどこにも現れないそうである．ダニエル・ベルヌーイとともにペテルブルグで研究をした数学者オイラー（Leonhard Euler : 1707–1783）が，ベルヌーイの記述をより数学的に厳密に書き直したものが，今日ベルヌーイの定理として伝わっている．

ベルヌーイの定理は，普通，エネルギーが保存されるから成り立つと説明されるが，圧力は空気にかかる力であるから，力が作用するときのエネルギーを考えねばならない．むしろ圧力を下げて空気を吸い込むと流れが起きる，と考えたほうがわかりやすい．これはニュートンの運動の法則にほかならない．そこから圧力と速度の関係，すなわちベルヌーイの定理が導かれる．

空気の重さと大気圧

翼の上面の流れは下面よりも速いので，圧力が下がり揚力が発生する，というのがベルヌーイの定理による揚力の説明である．われわれが「ベルヌーイの定理」をわかりにくいと感じるのは，大気の圧力を実感できないためであろう．

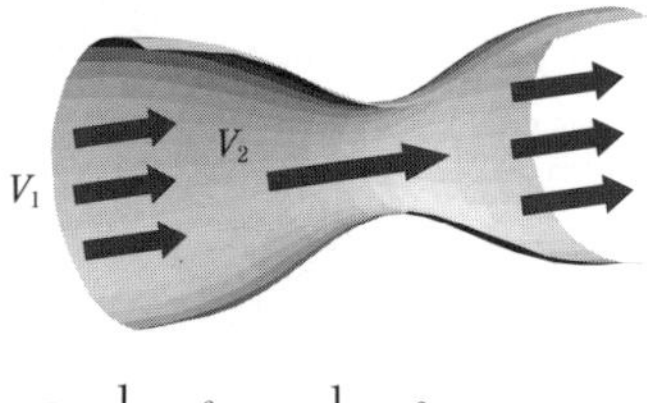

$$P_1+\frac{1}{2}\rho V_1^2=P_2+\frac{1}{2}\rho V_2^2$$

P：圧力，ρ：密度，V：速度

図 5.5　ベルヌーイの定理

空気は1 m^3 当り約1.2 kgの重さがある．風が吹くと物が飛ばされ，重い飛行機が揚力で浮上できるのも，空気に重さがあるためだ．ただし，風船に空気を詰めてもそんなに重いとは感じない．それは空中でも浮力が発生するからである．水中で体が軽くなるのと同じ理屈といえる．われわれは重さのある空気の底で生活している．上空になると薄くなるとはいえ，大気の圧力は想像以上に大きい．

1 m^2 当りの大気の重さをご存知であろうか．約10トンである．宇宙まで積み上げられた空気の重さである，といえば納得できるが，そんな圧力をわれわれが感じていないのはなぜだろう．体の内部にまで空気が入り込んでいて外部とバランスがとれているので，圧迫感を感じなくてすむためである．人間が宇宙服を着ないで真空の宇宙空間にいきなり投げ出されたらどうなるか．考えただけでも恐ろしい．

空気の動きによって変化する圧力

大気圧は静止している空気の圧力であるが，空気が動くとベルヌーイの定理によって圧力が変化する．この原理を用いて，図5.3で考えた円板の空気抵抗を見積もってみよう．円板で流れが塞(せ)き止められるので，流れがあたる面での圧力は P_1 に上昇する．ベルヌーイの定理から

$$P_\infty + \frac{1}{2}\rho V^2 = P_1$$

が成立し，図5.6のように，円板に作用する抵抗は表と裏の圧力差 $(P_1 - P_2)$ から生ずるので，空気抵抗は

$$D = S(P_1 - P_2) = \frac{1}{2}\rho V^2 S$$

となる．ここで，円板の裏面では圧力は一様流の圧力 P_∞ に戻ると仮定した $(P_2 = P_\infty)$．この結果はニュートンの導いた抵抗（図5.3）

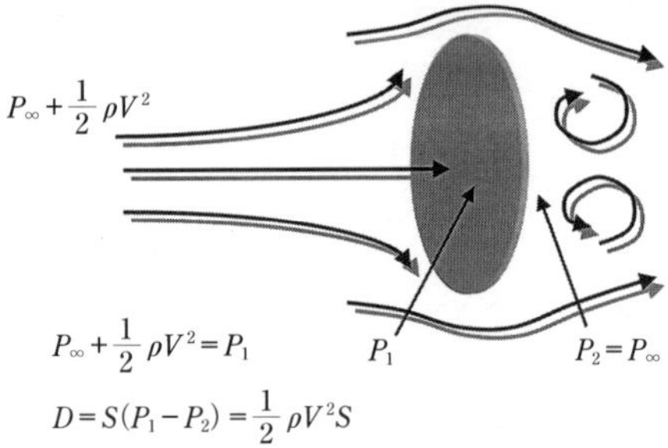
$P_\infty+\frac{1}{2}\rho V^2$
$P_\infty+\frac{1}{2}\rho V^2=P_1$
P_1
$P_2=P_\infty$
$D=S(P_1-P_2)=\frac{1}{2}\rho V^2 S$

図 5.6　ベルヌーイの定理による平板の抵抗

の半分であり，実測値ともよく一致する．実際の流れは非常に複雑であるにもかかわらず，誤差は 10％ほどである．

ニュートンの計算法はどこが間違っているのであろうか．運動の法則自体に誤りはない．ベルヌーイにしろ，同じ法則を利用している．ニュートンの計算では，空気の粒子が直線的に円板にぶつかるとしているところが実際とは異なっている．流れが止められた影響は図 5.6 に示すように上流にまで及ぶため，流線は曲げられてしまい，抵抗も小さくなる．

ベルヌーイの定理を利用した速度計

ベルヌーイの定理の応用範囲は広い．航空工学で有名なものはピトー管である．図 5.7 にその原理が示されている．ピトー管の先端にあけた穴では流れの速度が 0 になり，そこでの圧力 P_t は一様な速度における圧力 P_s（静圧）と運動エネルギー $\rho V^2/2$（動圧）の和（総圧）となる．管の側壁の穴からは，静圧 P_s が測定できるので，その差が動圧 $\rho V^2/2$ となる．ベルヌーイの定理より

$$P_s+\frac{1}{2}\rho V^2=P_t$$

が成立するので，速度 V は次のように計算できる．

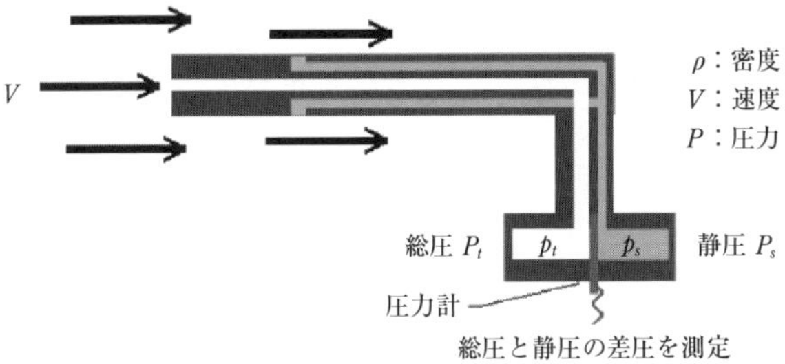

図 5.7　ピトー管の原理（資料：NASA）

$$V=\sqrt{\frac{2(P_t-P_s)}{\rho}}$$

ヘンリー・ピトー（Henri Pitot：1695-1771）は，川の流速を計測する目的で同種の装置を考案し，パリのセーヌ川に架かる橋の上から実験を行った．ヘンリー自身はベルヌーイの定理ではなく，実測データから経験的に速度と圧力差の関係を割り出した．実はヘンリーが報告を行った 1732 年には，ベルヌーイの定理はまだ完成していなかった．

今日，飛行中の速度を計測するために利用されるピトー管であるが，その測定原理の詳細が明らかになったのは 1910 年代になってからである．例えば，フライヤー号にも速度計が備えられているが，それはピトー管ではなく，現在のハンググライダーについているような小さな風車付きの風速計であった．ピトー管が使われるようになったのは，飛行機の速度が増し，風車では対応できなくなったためである．

行き詰まった空気力学

ベルヌーイの研究は，数学者や物理学者の関心を空気力学に向けさせることになるが，当時は，流体の粘り（粘性）を無視した完全流体として解析された．完全流体という名称とはうらはらに，実際の現象と矛盾する結果も得られた．

フランスの数学者・物理学者であるダランベール（Jean Le Rond D'Alembert：1717–1783）は，完全流中におかれた物体の抵抗が 0 になることを 1744 年に発表した．もちろん，抵抗が 0 になるわけではない．これは，流体の粘性を無視したための矛盾である．物体表面では摩擦抵抗が発生するし，物体後流で流れが剝離するため物体の前後で圧力差が生じ，これも抵抗（圧力抵抗）になる．実際には抵抗が 0 になることはありえないので，この矛盾は「ダランベールのパラドックス」と呼ばれる．

ダニエル・ベルヌーイとペテルブルグで研究を共にした数学の天才オイラーは，完全流体の基礎方程式（オイラー方程式）を 1752 年から 1753 年にかけて完成した．スイスに生れたオイラーはダニエルの父ヨハンに数学の能力を認められ，ペテルブルグの科学アカデミーに所属した．オイラーによって，ベルヌーイの定理が流体力学（または空気力学）の最も有名かつ有益な定理として確立されたのである．オイラーは 1735 年に片側の視力を，1766 年には両眼の視力を失うが，1783 年 9 月 18 日の亡くなるその日まで研究と講義を続けた．そして，当日の午後 11 時，「私は死んでいく」と言い残し，稀有の天才は生涯を終えた．

今日でも使用されるオイラー方程式は，基本的にはニュートンの運動法則に基づくのであるが，ベルヌーイの導入した連続体の概念が華麗に数学的な手法でまとめあげられている．粘性は無視されたものの，完全流体としての空気力学の基礎はこの時点で完成した．しかしながら，ダランベールのパラドックスに象徴されるように，数学的に洗練されればされるほど，当時の空気力学は現実と遊離し，純粋な数学的議論へ偏る傾向にあった．

空気力の実験計測技術の発達

空気力学が純粋数学として発達する傾向にあるなか，人類はついに気球により空に浮上した（図 2.2）．風まかせの気球では物足りないと考えた人々の関心は飛行機に向かった．当時の空気力学の理論では揚力や抵抗を正確に計算できなかったので，空気力の見積もりは，むしろ実験的な方法へと進む．

ケイレイの回転アームによる空気力の測定は，すでに第2章で説明したが，翼の揚力と抵抗を最初に計測したものであった．回転アームによる空気抵抗の計測自体はケイレイ以前にも行われていた．例えば，同じくイギリスのジョン・スミートン（John Smeaton：1724-1792）は，風車の空気力を回転アーム式の測定装置を用いて調査し，1759年に結果を論文で発表した．そのなかで，スミートンは風車の翼に反りをつけるとより出力が増すことも発見している．

空気抵抗を計算するスミートン係数

スミートンは同じ論文で，速度 V の流れに垂直におかれた面積 S の平板の受ける空気抵抗 D を

$$D=kV^2S$$

によって整理し，比例定数 k を0.005とした．ただし，力をポンド(lb)，速度を時速マイル（mph），面積を平方フィート（ft^2）で測る必要がある．この値は，現在では0.00289と測定されており，間違ったまま，スミートン係数として19世紀まで使用され続けた．

スミートンは自分でデータを取得したわけではなく，彼の友人の計測したデータを編集したのだが，係数 k は以後，スミートン係数として残ることになる．なぜスミートンと彼の友人が計測を間違えたのか，今となってはわからない．ただ，ニュートンの理論で図5.3のように抵抗を計算すると，k は0.005 12となり，ほとんどスミートン係数に一致する．偉大なるニュートンの理論値と一致したため，スミートンは安心してしまったのであろうか．

リリエンタールのデータ

リリエンタールはケイレイの計測法を精密なものとし，詳細な翼

のデータを記録し公表していることは第2章で紹介した．このデータをライト兄弟も使用した．

表にせよグラフにせよ，リリエンタールは，測定する翼が迎え角90度で，すなわち流れに直交した場合の抵抗を基準にして，実験データを整理した（図2.11）．例えば，ある迎え角の揚力，抵抗を測定し，迎え角90度の抵抗で割って，無次元データとして記録した．実際の揚力や抵抗の大きさを求めるためには，基準としている迎え角90度の抵抗の絶対値が必要となる．

さすがのリリエンタールも，ここで過ちを犯した．当時，空気抵抗を算出するために，スミートンの係数が使用されていた．リリエンタールは，われわれと同じく，面積をm^2，速度をm/s，力をkgで表したので，スミートン係数kを0.13に変換して用いた．迎え角90度の抵抗はkV^2Sなので，ある迎え角の翼の揚力係数をC_Lとすれば，kV^2SC_Lによって揚力が計算できる．翼の大きさや速度が変わっても揚力を推定できるので，模型実験の結果を大きさの異なるグライダーの設計に利用できる．しかし，スミートン係数kが間違っていた．

リリエンタールの誤り

現在の空気力学では，密度ρ，流速V中におかれた面積Sの物体に作用する揚力Lや抵抗Dを

$$L=\frac{1}{2}\rho V^2SC_L$$

$$D=\frac{1}{2}\rho V^2SC_D$$

と表現する．ここで，C_LやC_Dは無次元の係数（揚力係数，抵抗係数）で，スミートン係数とは異なり単位系によって変化しない．流れに垂直におかれた平板の空気抵抗係数は，図5.6で見たようにほぼ1.0（厳密には少し違う）となるので，スミートン係数に相当

する値は，空気密度を重力加速度で割った値のおよそ半分となる．空気密度を 1.2 kg/m^3 とすれば，スミートン係数に相当する係数は 0.061(=1.2/9.8/2) となる．これはリリエンタールが用いた 0.13 の約半分である．すなわち，リリエンタールの測定値によって，スミートン係数をもとに揚力や抵抗を計算すると，実際の値よりおよそ 2 倍大きくなってしまう．

リリエンタールの計測した結果は，現在のレベルから見ても非常に精度の高いものであったが，当時使用されていたスミートン係数をそのまま信用して使用したがために，最終的な揚力や抵抗の絶対値は 2 倍大きくなった．空気力の絶対値を測定しなかった点に盲点があった．実はケイレイは，彼のアーム式測定装置によって，スミートン係数が間違っていることを発見していた．残念ながら，このことがリリエンタールには正確に伝わらなかった．スミートン係数の誤りは，後にライト兄弟をも悩ますことになる．

リリエンタールの誤りにはまだ続きがある．彼は気流の速度を計測する方法にもスミートン係数を使用していた．リリエンタールの用いた速度計は，図 5.8 のように，平板の空気抵抗から流速を求めるものであった．このとき使った式も，間違ったスミートン係数を用いたので，計測された流速は実際よりも 0.7 $(=1/\sqrt{2})$ 倍に小さくなってしまった．この間違った速度を使用する限り，間違ったスミートン係数を用いても揚力と抵抗は正しい値となる．このあたりの矛盾は，彼のグライダーが風まかせの降下であったため，あまり深刻な問題とはならなかったのであろう．

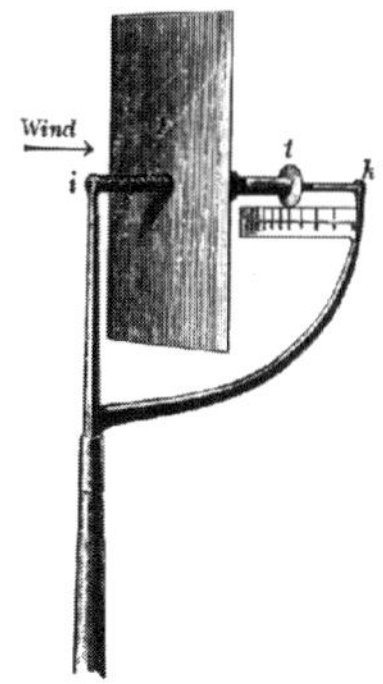

図 5.8　リリエンタールの速度計

こうした誤りがあったにせよ，リリエンタールの翼に関する研究の価値が損なわれるわけではない．しかも，計測結果をデータの形で公表したことは大きな美点である．ライト兄弟に至るその後の研究家に貴重なデータを残したのは，グライダーによる飛行の成功と並ぶリリエンタールの偉大な功績であった．

ライト兄弟の計算結果

ここで，ライト兄弟が1900年のグライダーを設計したときの計算を再現してみたい．単位系は兄弟が使用したポンド・フィート系を用いる．翼面積は，実際は材料の関係で少し小さくなるが，175 ft^2 (16.3 m^2) で計画された．風速 21 mph（9.4 m/s）で飛行すると計算し，揚力係数はリリエンタールのデータによって，迎え角3度で0.545とした（資料2-10）．これより揚力は，スミートン係数 k を0.005とすると

$$L=kV^2SC_L=0.005\times21^2\times175\times0.545=198\ \mathrm{lb}\ (90\ \mathrm{kg})$$

と見積もられた．機体は52 lb（24 kg），パイロットは140 lb（63 kg）とすれば，合わせた重量は192 lb（87 kg）となる．計算上は十分な揚力のはずであった．

スミートン係数が2倍近く間違っていたのであるから，揚力が不足したのは当然であった．しかし，ライト兄弟がきちんと計算してグライダーを設計したことに，私は大きな感銘を受ける．われわれも，さまざまな公式や定数を頼りに設計を行う．その定数が間違っていたのである．確かだと思われた数値に誤りがあれば，何を頼りにすればよいのか，兄弟がいかに困惑したか想像できる．ライト兄弟はどのようにして正確な揚力を求めていったのであろうか．その点が次章の焦点である．

第6章 揚力の不足を解決する

1901年8月20日にキティホークを去った兄弟は，彼らのグライダーの問題はリリエンタールのデータにあるとの疑いを強くした．前章で示したように，リリエンタールのデータ以前に，それに掛けて実際の力に換算するスミートン係数に誤りがあったのであるが，渦中にある兄弟には解決の糸口さえ見えなかった．

そんな兄弟に，シャヌートはシカゴで開催される西部技術者協会での講演を依頼した．兄弟にとっては自分たちの研究を公開する最初の機会であった．9月18日にウィルバーは，2年間にわたるグライダー実験の進展とそこで得た成果を講演し，大好評を得た．詳細な説明は聴衆に感動を与え，講演内容は「いくつかの航空学実験」と簡潔な題目がつけられ印刷された．この内容はアメリカ以外にヨーロッパでも紹介され，兄弟の航空における地位は一躍，確固たるものとなった．

これらの活動で自信をつけた兄弟は，リリエンタールのデータに頼るのではなく，自ら翼の空気力データを取得することを決意した．だれもが信頼しているリリエンタールのデータを疑うことは，初飛行に対して遠回りになるかもしれなかったが，予想した揚力が得られない以上，このまま続けても動力飛行が成功するとも思われなかった．

空気力をばねばかりで量る

1900年のグライダーも1901年のグライダーも，揚力が不足した．兄弟は，機体に作用する揚力や抵抗を直接計測する必要があった．そこで，機体を凧のように浮かべ，雑貨店にあるばねばかりで凧を保持する力を求め，そこから揚力と抵抗を割り出した．図6.1

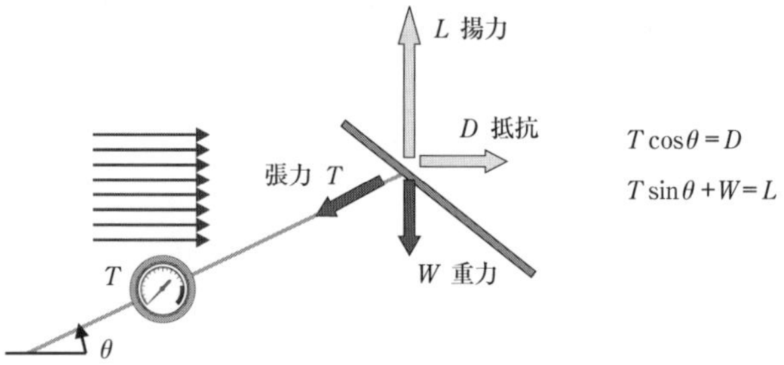

図 6.1　はかりによる揚力と抵抗の測定

のように，グライダーを保持する力の大きさと方向が測定できれば，力の釣合いから揚力と抵抗を見積もることができる．

計測された揚力は，リリエンタールのデータとスミートン係数から計算した値の 1/2 から 1/3 しかなかった．抵抗に関しては，データはばらついた．1900 年のグライダーでは，抵抗の計測値は推算より小さく，1901 年では逆に推算より大きな結果が出た．ばねばかりによる方式では，信頼できるデータの取得は困難であった．

スミートン係数への疑い

空気力の計算は，リリエンタールのデータ（揚力係数，抵抗係数）にスミートン係数を掛け，さらに翼面積と風速から求められた．まず，スミートン係数に疑いがあるのは事実であった．19 世紀初頭すでに，イギリスのケイレイは $k=0.005$ とするのが誤りであることを実験的に確認していた．アメリカにおいても，ラングレー教授は独自の計測で k の値を 0.003 とすべきであると発表していた．正解は 0.002 89 であるから，かなり真値に近づいたことになる．

ラングレー教授はリリエンタールよりもさらに大がかりな回転アームを製作し，1887 年よりデータを取得している．ライト兄弟がラングレー教授の指摘を知ったのは，1901 年の飛行実験が終了した 9 月のことと思われる．このように情報の取得が遅れたのは，ライト兄弟と交流のあったシャヌートが，スミートン係数をそのまま使用していたことも影響したようである．

仮にリリエンタールのデータが正しいとすると，ばねばかりで測定した揚力を発生するには，kが0.0025から0.0035の範囲にあるはずだと兄弟は考えた．結局，測定データの平均をとって0.0033を採用することにした．ラングレー教授の値0.003にも近い値であった．

リリエンタールの翼との違い

次の疑いは，当然のことであるが，リリエンタールのデータに向けられた．リリエンタールとライト兄弟の翼に関して，形状の違いを整理しておこう．

リリエンタールが計測に用いた翼型は反りが12：1の円弧翼であるのに対して，ライト兄弟の翼型は1900年のグライダーで，反りは22：1と小さく，反りの最大位置は前縁近くであった．翼の平面形も両者で異なる．リリエンタールの翼は先端のとがった木の葉形の平面形であったが，ライト兄弟のものは基本的には矩形翼であった（図6.2）．翼の縦横比をアスペクト比と呼ぶが，リリエンタールの翼はアスペクト比が6.48であり，ライト兄弟のグライダーは1900年型が3.5，1901年型が3.3であった．

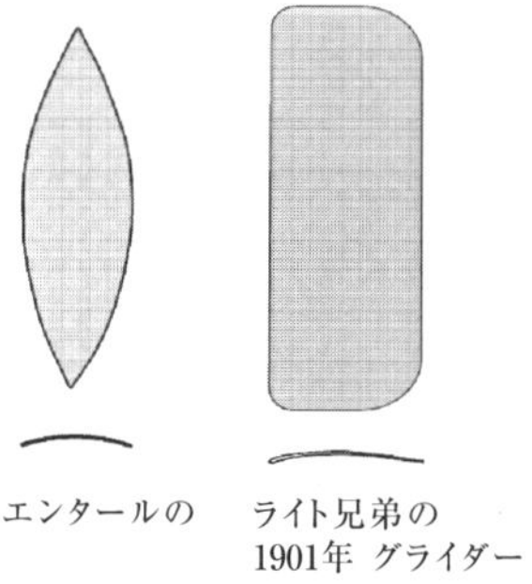

図6.2　リリエンタールとライト兄弟の翼の違い

翼型が違えば，また翼の平面形が違えば，揚力係数や抵抗係数の特性が変わることは今日では常識であるが，ライト兄弟の時代には明確に認識されていなかった．迎え角のみによって揚力や抵抗が決まると考えられていたようである．リリエンタールのデータが誤っていたわけではなく，リリエンタールのデータを異なる翼型，異なる翼形状にそのまま適用したところに誤りがあった．当時の状況では，ライト兄弟がそのことに気づかなかったとしても無理はない．翼型が変わる，あるいは翼の平面形が変わると，空気力はどのように変化するのか．今日の知識を用いて，順番にその様子を見てみよう．

翼型の反りが空気力に及ぼす影響

反り（キャンバー）のある翼型が大きな揚力を発生することは当時も常識であった．今日，翼型の揚力 L，抵抗 D，モーメント M を，係数 C_L, C_D, C_M を用いて

$$L=\frac{1}{2}\rho V^2 cC_L$$

$$D=\frac{1}{2}\rho V^2 cC_D$$

$$M=\frac{1}{2}\rho V^2 c^2 C_M$$

と表現する．ρ, V は空気密度と流速，c はコード（翼弦長）である．翼型は二次元，つまり同じ断面が無限の幅をもつものと考えているので，翼面積の代わりにコードを用いる．ここで揚力や抵抗は図 5.2 で見たように，翼の 4 分の 1 コード位置（空力中心）での力を表す．また，モーメントは 4 分の 1 コード位置で，翼を回転させようとするトルクである．なぜ 4 分の 1 コード位置（空力中心）かというと，モーメント係数が迎え角によらずほぼ一定となる位置だからである．図 6.3(左)に代表的な上下対称翼型の空力データを示す．揚力係数 C_L は迎え角に比例して増加し，迎え角が大きな領域では失速のため，比例関係が成立しなくなる．モーメント係数 C_M は，失速の起きない範囲では，迎え角によらず 0 である．以上が反りのない翼の特徴である．

翼に反りをつけると，空力データは図 6.3(右)のように変化す

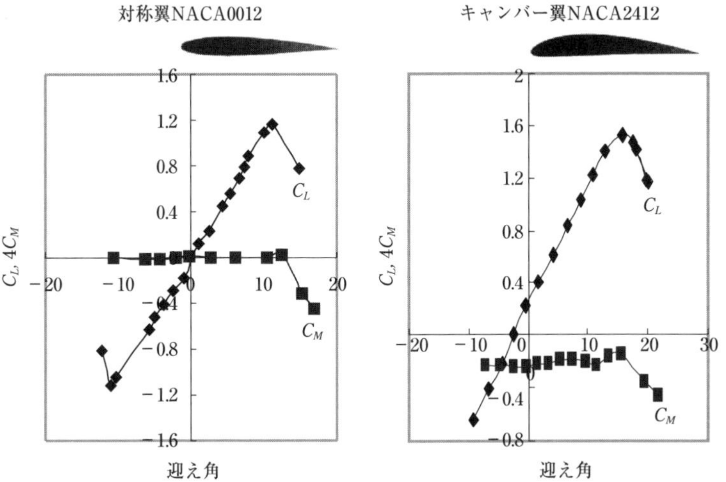

図 6.3　翼型の空力データ（資料 2-13 から作成）

る．まず，揚力係数は原点を通らなくなる．すなわち，迎え角が 0 でも揚力が発生し，対称翼のデータが上に平行移動したような形をもつ．モーメント係数は負の値で一定の値をもつようになる．モーメントは頭上げの方向を正と定義するので，常に頭下げのモーメントが作用することになる．揚力が増加し，モーメント係数が負になるのが，反りをもつ翼の特徴である．

圧力中心の移動

モーメント係数が負になることに注意しなければならない．モーメント係数という表現は少しわかりづらい．当時は，モーメント係数ではなく，圧力の中心という表現が用いられた．これは，空力中心（4 分の 1 コード位置）での揚力とモーメントを考えるのではなく，図 6.4 のように，揚力が翼のどの位置に集中的に作用するかを考えるものである．この点を圧力中心と呼ぶ．揚力は，本来は翼表面全体の空気の圧力を足し合わせたものである．揚力が 1 点に集中

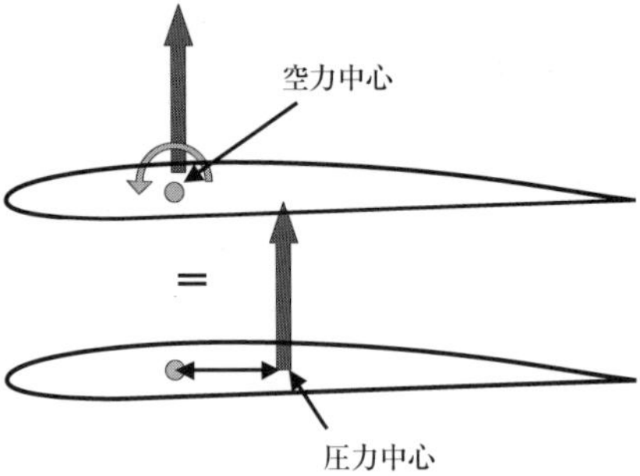

図 6.4　空力中心と圧力中心の定義

して作用したと考えた場合，モーメントが 0 になる位置が圧力中心である．

対称翼では，モーメント係数が 0 なので，空力中心が圧力中心と一致する．すなわち，揚力はいつも空力中心に作用する．これに対して，反りのある翼では，モーメント係数が 0 でないので，圧力中心が迎え角によって変化することになる．

圧力中心の急激な移動は操縦の際の大きな障害となる．このことはリリエンタールがすでに指摘していた．反りが 8：1 を超えると圧力中心の移動が激しくなり，操縦の脅威になるとしている．機体重心に関してモーメントが 0 にならなければ，安定した飛行はできない．モーメントが作用すると機体が空中で回転してしまう．リリエンタールは体重移動で操縦した．体重を巧妙に移動させることで，圧力中心の移動によるモーメントの変化をバランスさせる必要があった．

リリエンタールは結局，12：1 の反りを用い，ライト兄弟はさらに操縦を容易にするために 1900 年のグライダーでは反りを 22：1 とし，反りの最大位置を前縁近くに移した．1901 年のグライダーでは揚力が不足したため，リリエンタールと同じ 12：1 の大きな反りを用いた．結果は第 4 章で述べたように，操縦が著しく困難になってしまった．このため，兄弟は飛行試験中に最大反りを19：1と小さくした．

反りの形の影響

反りの形もリリエンタールとライト兄弟では違っている．シャヌートが整理したリリエンタールのデータに翼型の形状は示されていなかったため，ライト兄弟はリリエンタールの形状を知らずに翼型を決めたと考えられる．リリエンタールの翼型は円弧翼であったが，円弧翼は特に圧力中心の移動が激しい．反りの最大位置を前縁近くに移動したライト兄弟の選択は正解であった．

ライト兄弟の時代にはフィリップスの翼型も発表されていた．イギリスのフィリップスは風洞実験によってさまざまな翼型を試験していた．詳細は後で示したい（図6.7）．またなによりも，鳥の翼も最大反り位置は前縁近くにあるから，ライト兄弟がリリエンタールの円弧翼を採用しなかったのは当然といえる．しかし，反りの形状を変えたために，揚力がリリエンタールの翼型よりもわずかに減少していたのも確かである．

アスペクト比の効果

翼の縦横比（アスペクト比）が増加すると翼の効率が向上する．性能のよいグライダーが驚くほど細長い翼を採用するのはそのためである．アスペクト比に関する正確な理解は，20世紀に入りドイツのプラントル（Ludwig Prandtl：1874–1953）の研究を待たねばならない．詳しくは第12章で説明したい．図6.5にアスペクト比による揚力係数の変化を示す．

同じ面積の翼でも，アスペクト比が増すと揚力係数が増加し，抵抗係数が減少するという現象自体は，ラングレー教授の実験によってわかっていたが，ライト兄弟がそのことを認識していたかどうかは不明である．現在の知識で計算してみると，アスペクト比の小さなライト兄弟のグライダーは，リリエンタールの翼より19％ほど揚力係数が小さくなる．

空気力データの取得を開始する

翼の空気力データを自らの力で取得することを決意した兄弟は，早速実験にとりかかった．最初は，1年前に行ったように，V字形の枠の先端両側に翼の模型を取り付け，両者にかかる空気力の大小を比較した．次に，より正確に比較ができるように，V字形の枠を自転車の車輪に交換した装置を製作した．車輪を水平に回転できるように支持し，図6.6のように，基準となる平板の抵抗と翼の空気

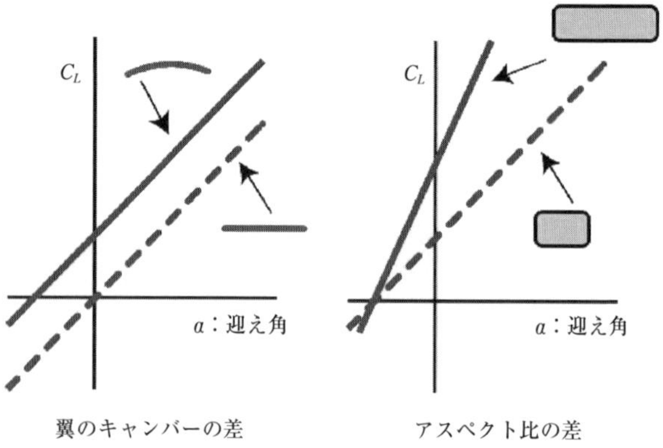

図6.5　キャンバー，アスペクト比の変化

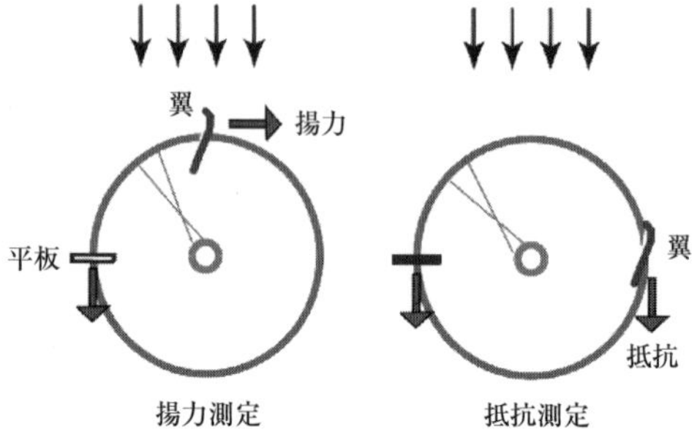

図6.6　自転車のホイールを利用した空気力計測

力とがバランスして車輪が回転しない状態から，空気力を求めるのである.

図 6.6 左のように翼を車輪の先端につけると，翼の抵抗は車輪を回転させないので，揚力のみの大きさを計測できた．抵抗を測定する場合は，図の右のような配置にすればよい．今度は，揚力は車輪を回転させない．最初は自然風で計測するが，十分な精度が得られなかったので，自転車の前方に水平に回転できるように取り付け，自転車を走らせながら計測を行った.

こうした空気力の測定は，平板を流れに垂直においた場合の空気抵抗と翼の揚力または抵抗の大きさを比較するもので，基本的にはリリエンタールのデータ整理法と同じである．すなわち，スミートン係数が違っていても，空気力係数を正しく計測できることになる.

風洞を自作する

ライト兄弟は，翼型が異なる場合にもリリエンタールのデータをそのまま使用したことが間違っていたことを知り，より精密な風洞実験を行うことを決意した．最初は簡単な風洞であったが，1901 年 10 月には 1 馬力のガソリンエンジンでファンを駆動する本格的な風洞を自作した.

風洞は今日でも空気力学の実験や飛行機の設計に欠かせない．風洞自体はライト兄弟の発明ではない．イギリスの技師ウェンハム（Francis Wenham：1824-1908）は，1870 年代に長さ 3 m で，一辺 46 cm の正方形断面の筒の内部に，蒸気エンジンでファンを駆動し気流を発生させる風洞を作製している．流速は 18 m/s（40 mph）であったが，整流格子がなく，まだ未熟なものであった.

この最初の風洞によって，ウェンハムは翼の揚抗比を測定し，圧力中心が翼の前方にあることも計測している．圧力中心が前方にあることから，ウェンハムは揚力の源が翼の前縁にあると考え，前縁

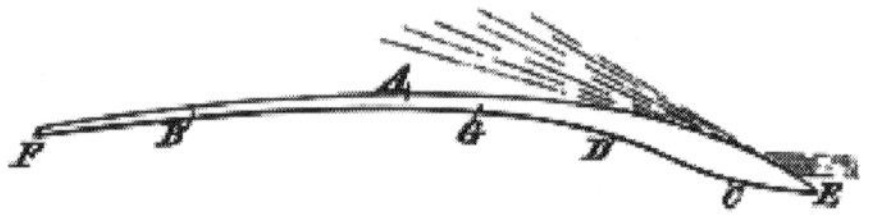

図 6.7　フィリップスの翼型（1884 年）

の部分が長くなるようにアスペクト比を大きくすれば翼の効率が向上すると考えた．正確さは欠くが，アスペクト比の増加が空力性能の向上をもたらすことは確かである．

ウェンハムの実験は反りのない平板であったが，同じイギリスで 1880 年代にフィリップス（Horatio Phillips：1845–1912）は反りのある翼の風洞実験を行い，翼型に関する特許を 1884 年に取得している．それは図 6.7 のようなもので，前縁近くに大きな反りをもち，厚みも変化する近代的な翼型の原型であった．

風洞の精密なメカニズム

長さ 1.8 m，断面の一辺が 41 cm の風洞は，ライト兄弟の自転車店の 2 階に設置され，風速は秒速 13 m ほどであった．自作の風洞を用いて，兄弟は 1901 年 12 月までに 200 余りの翼モデルのデータ

写真 6.1　ライト兄弟の風洞の複製（ハンプトン航空宇宙博物館）

を取得した（写真 6.1）.

ライト兄弟は，揚力係数，抵抗係数の測定のために驚くほど巧妙な天秤を考案している．天秤は 2 種類からなり，一つは，流れに垂直におかれた複数の平板の空気抵抗と模型の揚力をバランスさせることで揚力係数を測定する（図 6.8）．原理的には，自転車のホイールを用いた計測法と同じである．そして他の天秤で，今度は同じ模型の揚力と抵抗の比（揚抗比）を計測する（図 6.9）．その原理は，図 6.10 に示すように，揚力と抵抗の合成された力の方向に，模型を指示するフレームが自動的に傾く特性を利用するものである．

揚力係数は図 6.8 の天秤で直接に計測でき，図 6.9 の天秤で測っ

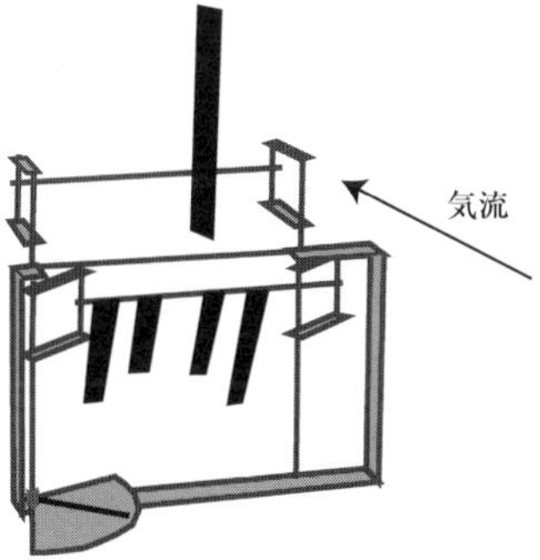

図 6.8　揚力係数を計測する天秤

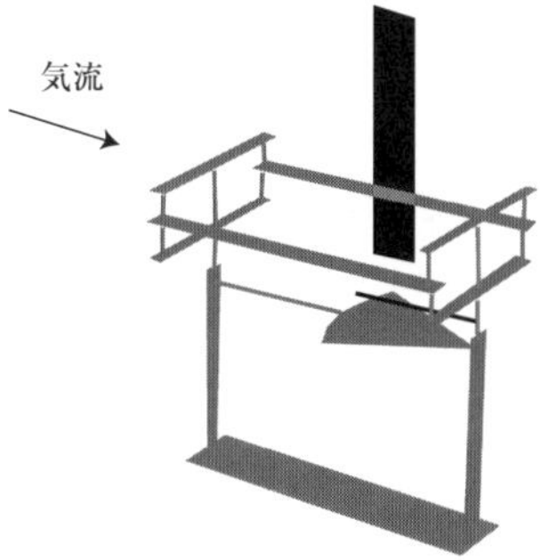

図 6.9　揚抗比を計測する天秤

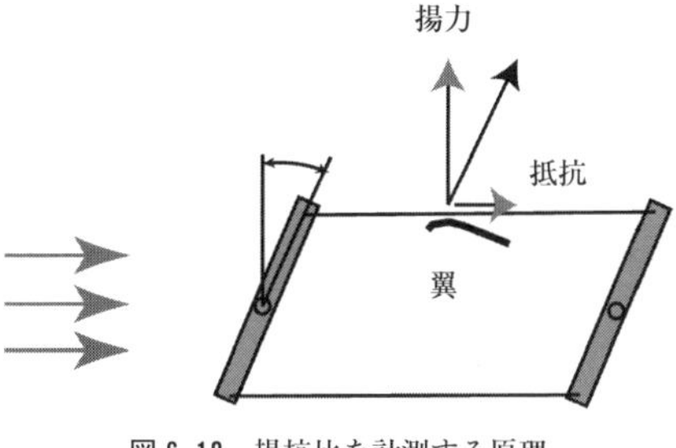

図 6.10　揚抗比を計測する原理

た揚抗比で割ることによって，抵抗係数も求められる．こうすることで，スミートン係数を用いずに模型の揚力係数と抵抗係数を計測できた．しかも，迎え角を変化させてシステマチックに測定できるので，膨大な模型のデータが効率よく得られた．こうしたところにも，兄弟の研究者・技術者としてのセンスのよさと巧みな技を見ることができる．

最良の翼を探る

兄弟が実験した翼は実物の1/20の鉄板製であり，各種のパラメータを系統的に変化させ，その数は200点に及んだ．反りは6：1から20：1まで変化させ，反りの最大位置も翼中央から前縁近くまで変えた模型を作製した．翼の平面形は長方形で，アスペクト比を1から10まで変えた．リリエンタールのような木の葉形の翼も試験している．膨大なデータベースが出来上がったのである．この時点で，兄弟は翼の空気力特性に関して世界で最も詳細なデータを入手したといえる．

一連の実験を通して，ライト兄弟は，リリエンタールのデータはそれが誤っていたわけではなく，反りやアスペクト比が異なった翼にそのまま適用した点に誤りがあることを認識する．しかも，さまざまな翼模型のなかから，No. 12と番号づけした翼が最も優れた特性を示すことを見出した．アスペクト比が6で，反りが20：1の翼である．

アスペクト比が大きいほど，揚抗比は大きくなる．なぜ6が最適になったのかという点に関しては，もう少し詳しい空気力学の知識が必要となる．また，ライト兄弟は今日使用されるような厚みのある翼型ではなく，薄い翼を採用している．この点に関しても，詳細は第13章で検討したい．ともかく，彼らは実験データから最良の選択を行ったのである．風洞実験の結果をもとに，1902年のグライダーを製作することになる．

1902 年グライダーを設計する

翼のスパンは 9.8 m（32 ft），コードは 1.5 m（5 ft）で，アスペクト比は 6.4 と大きくなった．最大の反りは 30：1 となり，より平板に近づいた．図 6.11 に，1900 年，1901 年，1902 年のグライダーの翼面積と機体重量を比較する．この図より，1902 年のグライダーは 1901 年から翼面積，機体の重量自体はほとんど変わっていないことがわかる．1902 年のグライダーが十分な揚力を発生できるとすれば，その理由はひとえに翼の空気力学的な洗練にあった．これこそ，彼らが風洞実験から得た成果であった．

エンジンを搭載した飛行機をすぐつくるのではなく，もう一度グライダーの試験を志したことは賢明な選択であった．1901 年のグライダーは，旋回操縦で予期せぬ応答をした．揚力には十分自信をもった兄弟であったが，操縦には不安があった．

今日でも行われる風洞実験

ライト兄弟が揚力を計算できるようになっていく過程が明らかになったと思う．兄弟がこんな苦労をしたことを知らなかった私に

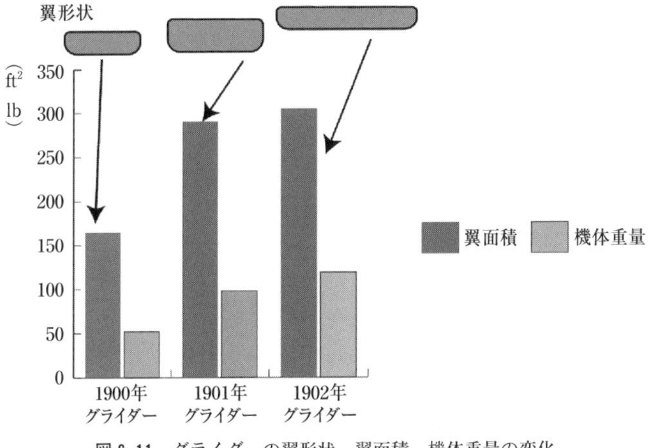

図 6.11　グライダーの翼形状，翼面積，機体重量の変化

写真 6.2　現在の大型風洞（資料：NASA）

は，大きな驚きであった．今日であれば，簡単な公式で空気力の概略は計算でき，揚力の詳細な値はコンピュータで求めることができる．揚力は計算できるとしたのは，空気抵抗の精密な予測は今日でも依然として困難だからである．規模は異なっても，今日でも最終的には風洞実験（写真 6.2）によって機体模型の空気力を測定する．ライト兄弟と同じように今でも風洞実験をするというと，多くの人は驚くかもしれない．

しかし，今日の知識からすると，彼らの風洞実験には重大な不備があった．その影響は，機体の形状にも現れている．ただ，そのことが認識されるようになるのは初飛行より 10 年以上先のことである．第 13 章で詳しく検討することにしたい．

第7章　操縦方法を確立する

新たな実験のために製作された1902年のグライダーは，冬の間の膨大な風洞実験の成果を生かしたものであった（写真7.1）．グライダーはさらに大型になり，細長いアスペクト比の大きな翼をもつ．さらに目立つ特徴は，主翼の後方に取り付けられた2枚の垂直安定板である．

1902年グライダーに残された最大の課題は，旋回の制御方式であった．もちろんエンジンは搭載されていないが，それ以前に完全に操縦できる機体をつくりあげねばならなかった．1901年のグライダーで恐ろしい体験をした兄弟であった．「きりもみ」と呼ばれる激しい回転に陥り墜落したのだ．

写真7.1　ライト兄弟の1902年グライダー

新しい試みとその結果

新たに加えられた垂直尾翼は，旋回時に機体を安定化させる目的で取り付けられた．操縦方式自体は，基本的には 1901 年のグライダーと同じである．8 月末にアウターバンクスに到着した兄弟は，冬の間の嵐で壊れた作業小屋を修理し，9 月中旬までには新しい機体の製作も完了した．

実は，これまでのグライダーの操縦は兄のウィルバーのみが行ってきたが，この年はオーヴィルも操縦桿を握ることになる．9 月 19 日，1902 年グライダーの初飛行の日が訪れた．機体は十分な揚力を発生し，上昇降下の操縦も旋回の操縦も順調であった．垂直尾翼がうまく機能したようであった．しかし，2,3 日飛行を続けると，旋回時に制御不能になる傾向が残っていることが判明する．9 月 23 日，ついにオーヴィルの操縦時にグライダーは 9 m の高さから突然に墜落し大破してしまった．彼らの恐れていたことが再び発生した．

垂直尾翼の追加では本質的な解決にならなかった．兄弟の前に再び高いハードルが現れた．

飛行機の操縦法

ここで，今日の飛行機がどのように操縦されいるのか見てみよう．翼の一部に小さな翼がヒンジで固定されている．この小さな翼（操縦舵面）を操縦桿やペダルで操作する．例えば，図 7.1 のように垂直尾翼の後方にはラダー（方向舵）と呼ばれる小翼がある．これを操作すると垂直尾翼に揚力（ただし横向きの力）が発生し，機首の向きを変えることができる．

図 7.1 のように，機体に重心を原点とする三つの軸を定義し，三つの軸の回転角（姿勢角）によって機体の姿勢の変化を表現する．前方を向く x 軸まわりの回転をロール，右を向く y 軸まわりの回転をピッチ，下を向く z 軸まわりの回転をヨーと呼ぶ．各回転に

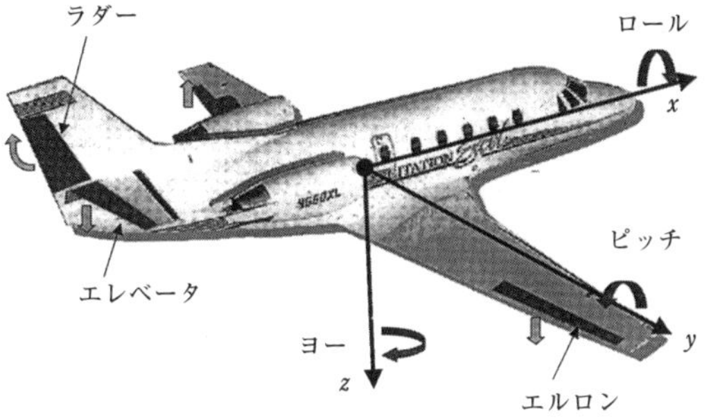

図 7.1　操縦舵面と回転軸

は正負の向きがあり，図のように右ねじの方向を正と定義する．

先ほどの方向舵（ラダー）は，z（ヨー）軸の制御のために操作される．通常は，操縦席のペダルでラダーを動かす．y（ピッチ）軸の制御には水平尾翼の後ろにある昇降舵（エレベータ）を，x（ロール）軸の制御には主翼の両端にある補助翼（エルロン）を操作する．エレベータとエルロンは操縦桿または操縦輪によって連動して動く．前後に動かせばエレベータが，左右に動かすか，または回転させれば，エルロンが動く．ライト兄弟の方式とは大きく異なっている．現在の操縦方式がどのように確立されたかについては，第 14 章で考えることにする．

現在の操縦法から見ると，ライト兄弟のグライダーの問題点が浮かび上がってくる．ライト兄弟のグライダーでは，y（ピッチ）軸の制御は水平舵が受け持っている．x（ロール）軸の制御には，エルロンはないものの，翼のねじりが利用される．ここまではそろっているが，z（ヨー）軸の制御がまだ備わっていない．ここに，1902 年のグライダーの欠点がありそうだ．

コーディネート・ターン

飛行機を旋回させるとき，翼を傾け内側に曲がる．ライト兄弟が見出したこの方法自体は健全である．鳥が翼を傾けて旋回する様子を詳細に観察して会得したものである．しかし，ライト兄弟は，このとき鳥が広げた尾も微妙に傾けることに注意すべきであった．飛行機が旋回時にエルロンだけではなくラダーも使用するのは，まさに鳥の尾の動かし方に対応している．

右に旋回する場合，図 7.2 のように操縦桿を右に傾けエルロンを動かす．右のエルロンが上がり，左が下がる．この結果，右翼の揚力は減少し，左翼は増加する．そして，右翼が下がり，右の旋回に入る．ライト兄弟のグライダーでは，エルロンの代わりに翼をたわませてねじることで同じ効果を得る．

しかし，これだけできれいな旋回はできない．左右の翼の揚力の差は，同時に空気抵抗も左右で変えてしまう．揚力が増えると抵抗も増える．揚力の増えた左翼の抵抗が増し，右翼の抵抗は減少する．この抵抗の差は，旋回とは逆の方向へ回転するヨー運動を引き起こす．この反対方向へのヨー運動（アドバース・ヨーと呼ばれる）を打ち消すには，右足を踏み込み，ラダーを右に傾け，尾部を外側に向ける必要がある．

エルロンとラダーを同時に操作することで得られる調和のとれた

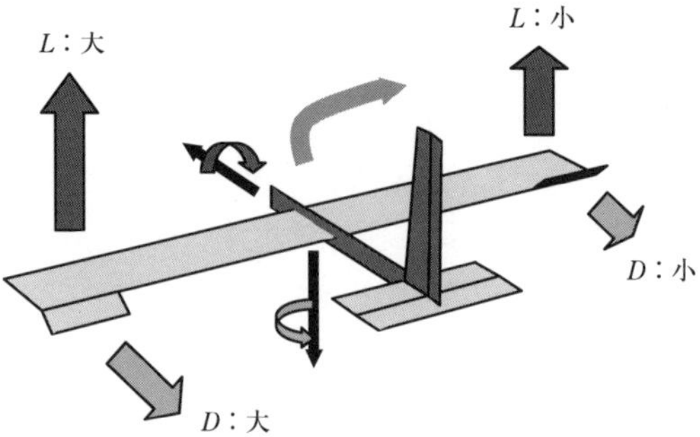

図 7.2　アドバース・ヨーの発生理由

旋回を，コーディネート・ターンと呼ぶ．1902 年の最初のグライダーまでは，このコーディネート・ターンができなかった．それどころか，1901 年のグライダーでは，右に旋回しようとして翼をねじったところ，左の揚力が増し，左翼が上昇するが，右ではなく急に左に旋回して「きりもみ」状態となった．アドバース・ヨーがよほど強かったに違いない．

鳥はどのようにして旋回するのか

鳥には垂直尾翼がないが，どのように旋回するのであろうか．ライト兄弟が真似たように，鳥は翼をねじって左右の翼の揚力差をつくり，身体を旋回するほうに傾ける．このとき，アドバース・ヨーはやはり発生する．ただし，注意深く観察すると，鳥は尾を翼の傾きと逆の方向に傾ける．尾に発生する揚力が旋回の外側に傾き，アドバース・ヨーを打ち消す働きをする．これは，ちょうど飛行機でラダーを操作するのと同じ効果がある．

鳥の翼のねじりを取り入れたライト兄弟であったが，尾の微妙な動きにまでは気づかなかったに違いない．鳥の尾というと，V 字尾翼をもつビーチ・ボナンザ（写真 7.2）を連想する．通常の機体のように水平尾翼と垂直尾翼を備えるのではなく，両尾翼を兼ね備え

写真 7.2　V 字尾翼をもつビーチ・ボナンザ

た斜めの尾翼をもち，鳥の尾に似ている．尾翼3枚が2枚ですむので，機体を軽くできるメリットがあるが，V字尾翼の機体は数少ない．斜めの尾翼には大きな舵面が必要となり，舵角をとると空気抵抗が大きくなるし，舵面を動かす機構も複雑そうである．

三軸の安定性の定義

三軸の制御を舵面の操作で行うわけであるが，長時間にわたり常に操縦していると，パイロットは疲れきってしまう．大気が穏やかなら，操作しなくても手ばなし状態で飛んでくれるとありがたい．今日の飛行機には，安定性を維持するメカニズムが備わっている．垂直尾翼や水平尾翼が機体後部に取り付けられているのは，そのためである．

機体の向きが進行方向からずれた場合，垂直尾翼は自動的に機体の向きを修整する働きがある（図7.3）．機体の x 軸と進行方向の傾きを横滑(すべ)り角と呼ぶ．図のように右に滑る状態を横滑り角の正の方向とする．この場合，機体には右から相対風が作用するので，垂直尾翼には左向きに揚力が発生する．この揚力は機体を右に向ける方向に作用するので，機首は自動的に進行方向を向く．ちょうど風見鶏が常に風上の方向を向くのと原理的には同じであり，垂直尾翼の安定性の効果を風見安定と呼ぶ．

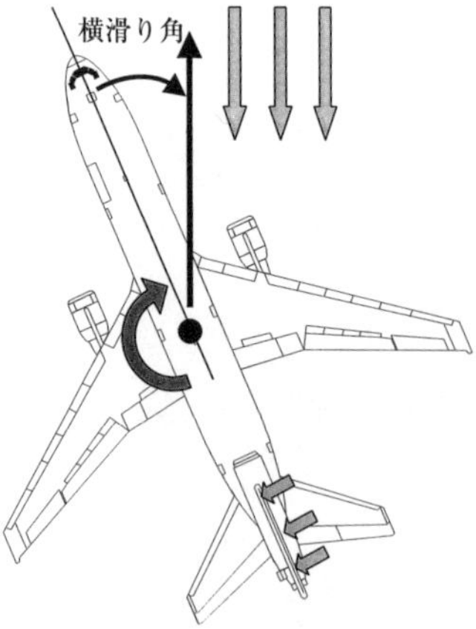

図7.3　垂直尾翼がつくる風見安定

水平尾翼にもこうした安定性の効果がある．こちらは，機首が上がったり下がったりした場合に，自動的に元の姿勢に戻す力を発生する．ピッチ軸の安定性である．

ライト兄弟のグライダーの安定性

1900 年と 1901 年のグライダーには垂直尾翼がないので，風見安定は存在しなかった．水平尾翼は機体後方ではなく前方に位置する．詳しくは第 9 章で説明したいが，水平尾翼が前方にあっても安定性は確保できる．しかし，ライト兄弟のグライダーにはピッチ軸の安定性もなかった．

ライト兄弟が安定性に欠ける機体を設計したのは，自転車業をしていたからという説がある．自転車は常にバランスをとっていなければ転倒するので，確かに安定性に欠けている．飛行機も常にバランスをとって操縦するものだと考えたとする説である．しかし，安定性の問題を議論する際に注意すべきは，彼らが空高く優雅に飛行したのではないということだ．

強い風の中を地面に沿って飛行実験していた彼らにとって，重要なのは自らの意志で機体がすぐに応答することであった．人間の意図と関係なく，機体が固有の安定性のために自動的に動くことは，素早い操作をする際の障害になったと考えられる．

機体を安定にするにはどうすればよいか，兄弟は十分認識していたに違いない．ケイレイやペノーの模型飛行機が尾翼の安定性によって飛ぶことは当時よく知られていた．模型飛行機は操縦士が乗っていない．安定した飛行をするために，機体に固有の安定性が必要なのは当然である．しかし，リリエンタールやライト兄弟は人間の巧みな操縦でグライダーを飛行させることを志した．地面すれすれを飛ぶためには，機体を人間の思い通りに動くよう操りたい．そのためには，安定性を放棄する必要があった．

上反角は不要

安定性にはもう一つ重要なものがある．上反角効果である．紙飛行機を飛ばした経験があればおわかりであろう．主翼を少し上に反らせると，すなわち上反角を与えると，紙飛行機は安定して飛んでくれる．上反角は機体に x（ロール）軸の安定性を与えている．つまり，機体が傾いた場合に，自動的に水平に戻す効果（上反角効果）である．

上反角効果の理屈は，尾翼によるピッチ軸やヨー軸の安定性ほど単純ではない．機体が右に傾いた場合，重力によって機体は右に流される．機体から見ると右から流れがくる．このとき，上反角があると，右翼の下面から流れを受けるので，右翼はあおられ水平の姿勢に戻される．

上反角効果も空高く飛んでいれば有効だが，地面すれすれを飛んでいる場合には問題がある．横風があった場合，機体が操縦者の意図とかかわりなく傾いてしまう．1900 年の最初のグライダーでは上反角がついていたが，兄弟はすぐにこの角度を 0 にした．1901 年のグライダーでは逆に翼は下に垂れるような設計になった．

新たな「きりもみ」に遭遇する

垂直尾翼を得て順調に飛行できたかに思えた 1902 年グライダーであったが，飛行回数が増すにつれ，再び旋回時に制御不能になった．当初，1902 年のグライダーの主翼は左右水平になっていた．実際に飛行してみると，横風にあおられる上反角効果が認められた．横風により機体は傾き，下がった翼が地面に近づく．急いで水平舵をとり，頭を上げると失速に陥った．

結局，1901 年のグライダーのように，翼を下に垂れるように下反角を与えた．これにより状況はよい方向に改善され，10 月 2 日の飛行では 152 m を超える滑空を記録した．「すべてが満足でき，飛行の問題が解決に向かっていると信じている」と，その日の日記に書かれている．

だが，問題は完全に解決されたわけではなかった．旋回時に，1901 年の「きりもみ」とは異なる「別のタイプのきりもみ」に陥ることがあった．飛行速度が小さいとき，それはよく発生した．右翼が上がり，左に横滑りを開始したとき，翼をねじって元に戻そうとしても，右の翼はさらに上昇し，機体は下がった翼の方向へ落下してしまうのであった．

飛行速度が小さいので，翼をねじっても有効な揚力の差がつくれず，それよりも横滑りによる影響が大きかった．左に横滑りした場合，後部の垂直尾翼には左から流れがあたる．風見安定のため下がった翼の方向へ機首が向き，さらに左に落下する．今日でいう，不安定なスパイラルである．垂直尾翼を取り付けた 1902 年のグライダーで，初めてこの挙動が起きた．固定された垂直尾翼がこの「別のタイプのきりもみ」を引き起こしたことは明らかであった．

可動式垂直尾翼への改造

兄弟は 2 枚あった垂直尾翼を 1 枚に減らし，さらに垂直尾翼を可動式にした．これで，水平舵によるピッチ軸，ねじり翼によるロール軸，可動式の垂直尾翼によるヨー軸の 3 軸の制御がそろったことになる．ただし，ただでさえ厄介な水平舵と翼のねじりに加え，垂直尾翼を操作するのは大変であった．そこで，主翼をねじるワイヤーを垂直尾翼にもつなぐことにした．体を左右に移動させ，主翼のねじりと垂直尾翼の操作を同時に行った．

この改造の効果はすばらしいものであった．新しい機体は完全に制御され，楽々と飛行することができた．1902 年のグライダーで飛行中の写真（写真 7.3）を見ると，翼のねじりと，垂直尾翼が連動して動いていることがわかる．エンジンがないので，聞こえるのは風を切る音だけであったろう．兄弟は何度も何度も飛行を繰り返し，ウィルバーは 26 秒で 190 m を，この年初めて飛行したオーヴィルも 21 秒で 188 m の記録を残した．

兄弟の飛行実験中に，シャヌートが助手とともにキティホークを訪れた．彼らは自らのグライダーを試験するためにきたのであったが，ライト兄弟との差は歴然としていた．ライト兄弟はこの時点で

写真 7.3 ライト兄弟，1902 年のグライダーによる飛行

操縦技術を完全に習得し，グライダーの設計を完成させたといえる．

テスト・パイロットも兼ねていた兄弟

ライト兄弟は強い風の中でグライダーを操りながら機体の操縦方法を体得し，同時に，機体の設計も確立していった．兄弟は，設計者でありテスト・パイロットでもあった．シャヌートやラングレー教授との大きな違いがここにあった．彼らは優秀な技術者であり研究者であったが高齢なため，操縦はすべて助手に任せていた．機体を操縦しなければ，機体を操る技術を習得することは困難で，機体の適切な設計もできなかったのである．

今日，テスト・パイロットには高度な操縦技術が要求され，設計者，研究者が兼ねるのは極めてまれである．自ら飛びながら，研究を行い，機体を開発していったライト兄弟をうらやましいと思うのは，私だけではないはずである．私も時々，フライト・シミュレータ（写真 7.4）を操縦する機会がある．そんなときは，ライト兄弟になった気分を味わえる．最近のフライト・シミュレータは驚くほど精密である．窓からはコンピュータ・グラフィックスで描き出さ

写真 7.4　フライト・シミュレータを操縦する著者

れた精緻な外界が見え，操縦席は6自由度の自由自在の動きをする．ただ，墜落してもけがをしないところは，あくまでもシミュレータである．兄弟が，生傷が絶えない状況でグライダーを飛ばしたのとは大きな違いである．

1902年10月28日，キティホークを去る兄弟の頭は，エンジンを搭載した1903年の飛行機のことでいっぱいであったに違いない．

第8章　フライヤー号の動力飛行に成功する

1902 年のグライダーで操縦技術をほぼ完成させた兄弟は，飛行機完成までの最終ステップとなる動力飛行に準備を進めた．1902 年 12 月，ウィルバーはガソリン・エンジンを求めて各社に問合せの手紙を書いた．最低 8 馬力で，重量が 90 kg（200 lb）以下という条件であった．結局，かんばしい返事はなく，自らの手でエンジンを製作することになる．

力，パワー，エネルギーの違い

エンジンの能力を馬力で表現する．まず，馬力とは何かを明確にしておかねばならない．「力強い」とか「パワフル」とか「エネルギッシュ」といった力学の用語をわれわれは普段なにげなく使用している．しかし，力学的にこれらの用語には明確な区別がある．これらの区別が完璧な読者は以下の部分を読み飛ばしてほしい．

力の単位として，力学では N（ニュートン）を用いる．もちろん力学を完成させたニュートンに敬意を表してのことである．この本では，例えば揚力をポンド(lb)やキログラム(kg)で表してきたが，kg は力学では厳密には質量の単位である．1 kg の物体の重さを，例えばばねばかりで量ると 1 kg と表示される．しかし，同じ物体を月面で量ると 0.17 kg しかないはずである．これは，月面の重力が地球の 1/6 だからである．このことからも，重さと質量とは異なることがわかる．

重さは引力が質量をもつ物質を引っ張る力であり，N（ニュートン）という単位系を使う．1 N は 1 kg の質量を，1 m/s^2 の加速度で移動させるために必要な力である．地上の重力加速度は 9.8 m/s^2 である．すなわち，物を落下させると 1 秒間に毎秒 9.8 m 加速される．このとき，質量1 kgの物体の重さは，質量と重力加速度を掛けて9.8 Nとなる．これは，質量と加速度の積が力であるというニュートンの運動法則そのものであり，Nという単位系が採用されたゆえんでもある．

N（ニュートン）という力の単位は使い慣れていないと思わぬ間違いをする．私は，リンゴ1個の重さを1Nと覚えることにしている．重さが1Nのリンゴの質量は重力加速度で割ればよいので，約100 gである．最近の立派なリンゴに比べると小さめだが，ニュートンが見た木から落ちる野生のリンゴはきっと小さかったに違いない．

仕事はエネルギー

次は仕事である．例えば物体を1Nの力で1 m移動させると1J（ジュール）の仕事をしたという．ジュールも科学者の名前からとった単位系である．ジュールはエネルギーを表す単位系で，より馴染みの深いcal（カロリー）で表現すると，4.184 Jが1 calに相当する．1 calは1 gの水の温度を1℃上げるのに必要なエネルギーであり，わかりやすい．

仕事をすればエネルギーを消費する．体重60 kgの私が階段を1階分(3 m)上がると，どの程度エネルギーを消費するか調べてみよう．重力に逆らって60 kgの物体を3 m持ち上げるものとする．力は質量掛ける重力加速度であり，さらに3 mの距離を掛けると，1 760 J（420 cal）のエネルギーが必要となる．チョコレート1粒は6.4 kcalである．その20％が体内で吸収されたとしても，1 kcal以上もある．階段を上がっただけではダイエットにならないわけである．

パワーは単位時間当りの仕事

同じ仕事をするにせよ，短時間でできれば能力が優れていることになる．単位時間当りの仕事量をパワーと呼ぶ．単位にはW（ワット）を使用する．蒸気機関を発明したジェームズ・ワットにちなんだ単位である．1 N で 1 m 移動する仕事を 1 秒でなした場合，1 W（ワット）のパワーを要したことになる．同じ仕事でもゆっくり時間をかけてよければ，小さなパワーですむ．エンジンの出力を表す馬力はパワーの単位で，1 馬力は 746 W に相当する．すなわち，1 馬力は 76 kg の質量を 1 秒間で 1 m 持ち上げる能力を意味している．

先ほど，階段を上がる場合の仕事を考えたが，所要時間が 6 秒だったとすると，パワーは仕事割る時間であるから，293 W を要したことになり，0.393 馬力に相当する．普通の人は 200 W を 1 時間程度持続できるといわれており，この階段を上がるペースを維持するのは容易ではない．鍛え上げられたオリンピック選手クラスの人になると，瞬間的に 1 kW（1.3 馬力）以上のパワーを出すことができるそうである．もちろん，馬力があれば，速く階段を駆け上がることができる．

以上が「力」と「仕事（エネルギー）」と「パワー」の違いである．「力強い」と「エネルギッシュ」と「パワフル」の違いもこれで明確になった．「力強い」とは瞬間的に強い力が出せることで，仕事量は関係ない．これに対し，「エネルギッシュ」とは全体の仕事量が大きいことを意味し，「パワフル」とは同じ仕事を短時間にこなせる能力があると解釈できる．

飛行機に要求されるエンジンパワー

パワーの定義は「力」掛ける「距離」割る「時間」であるが

$$\text{パワー}=\text{力}\times\frac{\text{距離}}{\text{時間}}=\text{力}\times\text{速さ}$$

と変形できるので，パワーを「力」掛ける「速さ」とも表現できる．飛行機が水平に飛行する場合，エンジンの力は空気抵抗に釣り合えばよいので，エンジンに要求されるパワーは空気抵抗に飛行速度を掛けたものとなる．

1903年の動力機を設計するにあたり，ライト兄弟は1902年の機体をもとに計画を進めることになる．まず，1902年のグライダーの翼面積28.3 m^2 (305 ft^2) を大きくして46.5 m^2 (500 ft^2) とすることから計算を始めた．人が乗った状態での重量と翼面積の比（翼面荷重と呼ぶ）を1902年のグライダーと同じ，4.15 kg/m^2 (0.85 lb/ft^2) と仮定し，人を含めた機体重量を193 kg（425 lb）と推算した．エンジンを90.7 kg（200 lb）とすると，1903年の動力機の総重量は284 kg（626 lb）と推定された．

釣合い飛行状態では揚力と重量が釣り合っている．揚力はスミートン係数と翼面積と揚力係数の積に速度の2乗を掛けたものとなる．スミートン係数kは伝わっていた値0.005ではなく，ばねばかりで計測した0.0033を用いた．第6章で示したとおりである．必要な揚力は，機体重量の626 lb（スミートン係数はポンド・フィート系である）となる．揚力係数には，最大値として0.7を仮定すると，揚力は

$$L=kV^2SC_L$$

と計算され，これが重量と釣り合うことから，最低速度は次のように計算される．

$$V=\sqrt{\frac{626}{0.0033\times500\times0.7}}=23\ \mathrm{mph}\ (10\ \mathrm{m/s})$$

空気抵抗は同じようにして

$$D=kV^2SC_D$$

から計算できる．空気抵抗は，翼の抵抗と翼以外の抵抗に分け，それぞれの抵抗係数は風洞実験によって求めた．こうした計算によって，最高速度が時速35マイル（毎秒16 m）のときの空気抵抗を90 lb（41 kg）と推定した．

釣合い飛行では空気抵抗はエンジン推力（正確にはプロペラの推

力）と釣り合うので，プロペラの出す馬力は抵抗と速度の積となる．必要な馬力を計算すると

$$P = D \times g \times V = 41 \times 9.8 \times 16 = 6\,430\ \mathrm{W}\ （8.6\ 馬力）$$

となる．この計算はわれわれに馴染みのあるメートル系（SI 系）で行った．ライト兄弟は，こうして 8 馬力と見積もったのであろう．プロペラの効率を考慮すると，実際にはエンジンの馬力はもっと必要であり，加速や上昇の能力を考えてももう少し欲しい．

必要となるエンジンの出力を下げるためには，空気抵抗を低減することが肝心である．兄弟は，上下の翼をつなぐ支柱の断面形状にも配慮した．風洞実験の結果によると，水滴を延ばしたような流線形の断面にするよりも，角を丸めた細長い長方形断面にしたほうが抵抗は小さくなった．兄弟は，従来の常識を覆す発見と考えたが，実際には風洞実験の方法に問題があった．詳細は第 13 章で考察したい．

ガソリン・エンジンの製作

推進系に関しては，兄弟は楽観的な見通しをもっていた．推進系とは，推力を得るためのプロペラと，それを回転させるためのエンジンを意味する．1903 年の段階では，ガソリン・エンジンはすでに実用的なレベルに達していたし，プロペラに関しても，船のスクリューの設計法を学べば簡単につくれると考えていた．

蒸気エンジンは大きなボイラーを必要とするので，飛行機に搭載するには重すぎた．19 世紀の後半，世界各地で蒸気エンジンを搭載した飛行機械が試作されている．何機かは実際に地面を飛び上がることができており，それらが最初の動力飛行であるとする説もある．しかし，いずれも単にジャンプしたというレベルであり，制御された飛行には程遠い．そういう意味で，ライト兄弟はよい時期にいた．軽量のガソリン・エンジンが利用できたのであった．

ガソリン・エンジンの原型は，1860 年代のルノアール（Jean

Joseph Étienne Lenoir：1822–1900）や，1870年代のオットー（Nikolaus August Otto：1832–1891）によってつくられたガス機関である．1883年にはダイムラー（Gottlieb Daimler：1834–1900）が小型4サイクル・ガソリン・エンジンをつくり，1885年に二輪車を，1886年に四輪車を走らせている．アメリカでも軽量で高出力のエンジンが入手可能な状態にあった．1902年12月，ライト兄弟はエンジンの製造会社に手紙を書き，90 kg（200 lb）で8馬力のエンジンが購入できるかどうかを問い合わせる．

結果は，彼らの仕様に合致するエンジンは存在せず，できたとしても法外な費用がかかるというものであった．兄弟は，1901年に雇い入れたテイラーの助けを借りてエンジンを自作する決心をした．自動車用エンジンを手本に，排気量約4 000 cc，4気筒直列水冷エンジンをつくりあげた（写真8.1）．当時のレベルから見ても，決して高度なエンジンではなかった．水冷とはいえ，ラジエータはなく，燃料ポンプも気化器もない原始的なエンジンであった．燃料は，支柱の上部に取り付けられたタンクから垂れ流しで送りこまれ，エンジンの熱で自然に気化し空気と混ぜ合わされた．燃料流量

写真8.1　フライヤー号の4気筒エンジン

の制御はできないから，出力は変更できなかった．始動時には外部のバッテリーが使用され，エンジン回転数は点化タイミングによって調節された．原始的なエンジンではあったが，短時間の飛行には十分といえた．

1903 年の 2 月 12 日にエンジンが完成し始動する．しかし，ガソリンが漏れてベアリングが焼きついてしまい，たちまち壊れてしまった．4 月には新たな鋳造部品が届き，安定した運転が可能になった．始動時には 16 馬力を出すが，エンジンが温まるとたちまち 12 馬力に下がった．明らかに冷却システムの不備である．しかし，重量も 69 kg（150 lb）におさまり，当初のスペックを満たしていたので，兄弟はこのエンジンを使用することにした．

彼らの目的はあくまでも動力飛行であり，そのための要求が満たされるのであれば，いたずらにエンジンに凝る必要はなかった．全体の目標から個々の要素の設計仕様を明確にすることは，システム工学の基本である．個々の要素の性能をいかに上げても，全体に大きな貢献がなければ，明らかにそれは無駄な努力にすぎない．兄弟はシステム工学の真髄を理解していた．

プロペラの理論の研究

もう一つの課題であったプロペラは，最初に考えたほど単純ではなかった．当時の船につけられていたスクリューは，精密な理論によって設計されていたのではなかった．大体，船は浮力によって浮いていられるので，たとえスクリューの効率が悪くとも沈むことはない．しかし，飛行機はプロペラで前進しなくては揚力を得ることができず，浮上できない．エンジンの出力を有効に推進力に変換するのがプロペラの役割である．

飛行している機体でプロペラも回転する．このとき，どのようにして推力がつくられるのか，兄弟は何か月にもわたり議論を続けた．最終的に兄弟が得た結論は，図 8.1 のように，プロペラはらせ

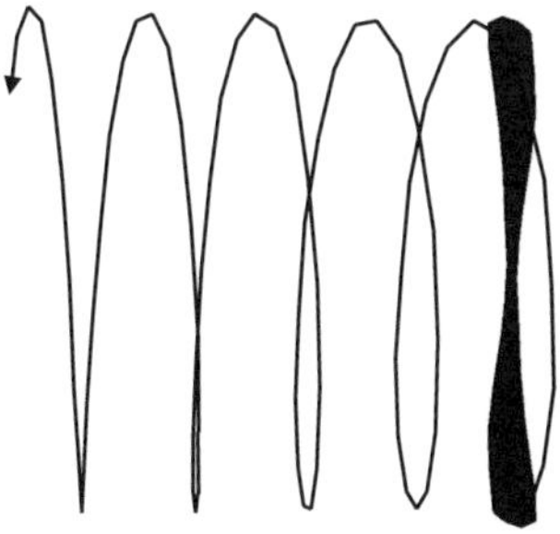

図 8.1　螺旋を描くプロペラ

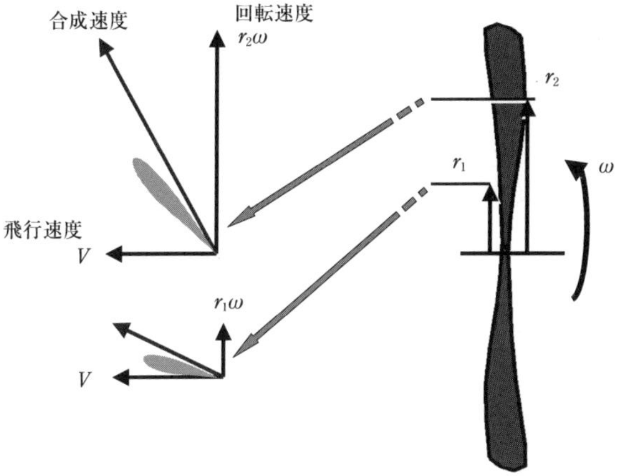

図 8.2　プロペラ断面の速度ベクトル

ん状に進む翼であるということであった．

プロペラを回転する翼と考えれば，翼に作用する揚力と抵抗を求めることができ，この空気力からプロペラの推力や回転させるために必要なトルクといった性能を推算することができる．図 8.2 のように，回転軸から半径 r の位置の断面を考える．断面は翼型からなり，翼素と呼ばれる．プロペラの回転角速度を ω とすると，翼

素は速度 $r\omega$ で回転する．進行速度を V とすると，図 8.2 のように，$r\omega$ と V のベクトル和としての合成速度を翼素はもつことになる．この合成速度に対して適切な迎え角をもてば，翼素に揚力と抵抗が発生する．

翼素に作用する空気力の推進方向成分が推力に寄与し，回転方向の成分がプロペラを回転させるために必要なトルクとして吸収される．ところが，進行速度 V が同じでも，回転速度 $r\omega$ は軸に近い翼素では小さく，プロペラの先端近くでは大きくなる．各翼素で適切な迎え角を確保するためには，プロペラを軸から先端に向かって強くねじる必要がある．

さて，プロペラを回転させるエンジンは，ある特定の回転数で最適な効率が得られるようにつくられている．エンジンを一定の回転数で回す場合，飛行速度が変わると，翼素の迎え角は変化してしまう．翼素には効率のよい迎え角があるので，飛行速度に合わせてプロペラのねじりを変えると理想的である．低速では翼素と回転面とのなす角度（ピッチ角）を小さく，高速では大きくすることが必要となる．同一のプロペラで飛行速度に応じてピッチ角を変える機構を備えた，いわゆる可変ピッチプロペラが出現するのは，1920 年代以降のことである．もちろん，ライト兄弟のプロペラは固定ピッチプロペラであった．

プロペラの設計

翼の効率を上げるためには，アスペクト比の大きな細長い翼が有利であった．プロペラも効率を上げるためには，径を大きくしたほうがよい．ヘリコプターが大きなローターを回転させるのはそのためである．大きな径のプロペラをゆっくり回転させる．これが効率のよいプロペラの設計法である．結局，直径 2.6 m のプロペラを左右に 2 枚使用することにした．今日の飛行機からすると，非常に大きなプロペラである．

プロペラの推進効率は0.66以上といわれ，当時の技術水準をはるかに上回る出来栄えであった．現在でも，径の大きなプロペラのほうが効率がよいのは同じである．ただし，大きなプロペラは，地面との距離が確保できないとか，プロペラ先端の速度が高速で飛行すると簡単に音の速さに近づいてしまう，といった問題が発生する．音速に近づくと急に空気抵抗が増えて，効率が極端に悪化する．こうした理由で，むやみに径の大きなプロペラは使用できないのである．

プロペラは，自転車に使用される歯車（スプロケット）とチェーンでエンジンにつながれた．しかも，巨大なプロペラが回転する場合に発生するジャイロモーメントを左右で打ち消すために，片方はチェーンをねじって反対方向に回転させるという凝りようであった．エンジンとプロペラのギア比は23：8である．大きなプロペラをゆっくり回転させるため，エンジンの回転数を減速させる必要があった．スプロケットの歯数を変えることは容易なので，ギア比は後でも変更できる．これもチェーン駆動の利点である．プロペラは翼の後ろにおかれたが，安全性を考慮してのことであった．

エンジンの取付け場所は，墜落しても操縦者にけがのないよう，操縦席のちょうど右側に決められた．この結果，少し右が重くなってしまったので，右翼は左翼よりも10 cmほど長くなった．右翼の揚力を増すためである．

1903年フライヤー号の完成

エンジンとプロペラが出来上がった時点で，動力飛行機（彼らはフライヤーと呼ぶ）は基本的には完成した．9月23日，デートンを出発し，キティホークの試験場に向かった．本当はもっと早く試験飛行を開始したかったが，エンジンやプロペラの開発に予想以上の時間がかかり遅くなってしまった．ここから12月17日の初飛行までの物語はあまりにも有名で，詳しく書く必要もないほどであるが，主に技術的な観点から見ていきたい．

機体は基本的には1902年のグライダーを大きくしたものであった．翼のスパンは12.3 m（40.3 ft），翼弦長（コード）は2.0 m（6.5 ft）で，翼面積は当初の予定より少し増えて47.4 m^2（510 ft^2）となった．翼型は，1902年のグライダーでは30：1のほとんど平板に近い反りを用いたが，1903年フライヤー号では20：1と反りを深くしている．その理由は明確ではないが，風洞実験では確かに20：1のキャンバーが優れた特性を示したので，その結果を信じての判断であろう．

翼には裏と表の両面に綿布が張られ，より効率のよい翼になったはずである．しかも，綿布は織り目を斜めにして取り付け，翼の剛性を上げるという凝りようである．操縦形式は1902年のグライダーとほぼ同じであるが，主翼は翼全体をねじれるのではなく，前縁は固定され，後縁がねじれる構造に変わっていた．腰を支えるサドルを左右に移動させ，翼のねじりと垂直尾翼を操作し，左手のレバーで水平舵を操る方式は1902年のグライダーと同じである．

フライヤー号の部品は10月8日に到着し，組立てが始まった．その間にも，兄弟は保管していた1902年のグライダーを修復して操縦訓練を続けた．10月26日には，1分11.8秒をオーヴィルが滑空してグライダーの世界記録を樹立した．この記録は，8年後に同じオーヴィルによって塗り替えられることになる．

11月に入ると，エンジンの取付けが始まった．最初は，エンジンを搭載しないグライダーとして試験することを考えたが，結局，兄弟は動力飛行を急ぐことにした．この決定は，同じ頃ラングレー教授の実験機（エアロドロームと名づけられていた）の飛行が計画されていたことと大いに関係している．ラングレー教授は1903年の10月7日と8日にポトマック川で実験を行い失敗しているが，近々再度の挑戦を行うことが伝えられていた．ライト兄弟としては，なんとしても初飛行の栄冠を勝ち得たかったのであろう．また，グライダーに関しては 1902 年の時点ですでに完成したとの自負もあったので，慎重な兄弟にしては思い切った決断である．エアロドロームに関しては第 11 章で再び詳しく見ることにし，ここではライト兄弟の行動を追いたい．

最後の試練

動力飛行を目指し，ついに機体が完成するが，いくつかの問題も持ち上がった．一つは，機体の重量が計画の 625 lb を超え，700 lb（318 kg）になったことだ．エンジンには多少の余裕を与えていたものの，はたして離陸できるかどうか心配であった．1902 年のグライダーとは比較にならない重さである．これまでのように，主翼の両端を持ち上げ助走するという方法は，もはや採用できない．

兄弟は離陸のための装置を用意した．風上の方向へ，長さ 18 m のレールを設置し，その上面は摩擦を小さくするためにブリキで覆った．レールの上に二輪式の台車をおき，その上にフライヤー号を載せる．機体は重くなってしまったが，これでなんとか離陸できそうであった．

次の問題はより深刻であった．エンジンを始動させるとミスファイヤーを起こし，プロペラ軸とスプロケットの結合が緩み，ついにはシャフトがねじれてしまった．新しい 2 本のシャフトをデートンに残っていたテイラーに製作させ，その到着を待つことになった．この年の冬はいつもより早く訪れそうであった．

11 月 20 日，より大きなシャフトが届き，早速試験を再開するが，今度はプロペラの反対側につけたスプロケットの固定用ナットが緩んでしまった．エンジンは機体を激しく振動させた．グライダーの実験では体験できなかったことである．そういえば，私もラジコン機でナットが緩み機体を壊してしまったことがある．何ごとも経験しないとわからないものである．翌日，兄弟は自転車のタイヤをリムに固定する接着剤でナットを固める方法を思いついた．プロペラはようやく順調に回転を始めた．

初飛行の準備

試験飛行へ心ははやるものの，天候はなかなかよくならない．この間，兄弟は，機体に計測器類を取り付け，初飛行の準備を進めた．操縦席の右の支柱に，リチャード式風速計（風車の回転数から風速を計測する計器で，現在でもハンググライダーなどで利用される），ストップウォッチ，エンジン回転計が取り付けられた．支柱の下に取り付けられたレバーによって，これらは燃料バルブとともに連動して停止するように工夫されている．これらの計器は飛行中にモニターするものではなく，飛行記録をとるための装置であった．飛行中は操縦で忙しいので，計器を見ている余裕はなかった．

11 月 28 日，問題のプロペラシャフトに亀裂が見つかった．もう時間がない．オーヴィル自身がデートンに戻り，新しいシャフトをつくることにした．中空のシャフトを中実につくり直し，キティホークへ急いだ．途中，オーヴィルはラングレー教授が 12 月 8 日に飛行実験に失敗したことを新聞で知った．12 月 11 日，オーヴィルは新しいシャフトをもってキティホークに到着した．ラングレー教授のことを気にする必要はなくなったが，本格的な冬が訪れ気候がこれ以上悪くなる前に試験飛行を行いたかった．飛行に適した風を待った．

失敗した最初の飛行

12 月 14 日月曜日，初飛行を行う条件が整った．風は平地から離陸できるほど強くなかったので，砂丘の下り坂から試験飛行することになった．兄弟は飛行を開始することを知らせる赤旗を掲げた．近くの海難救助基地にいる救助隊の人々の助けを借りるためであった．発進台のレールを 1 本ずつ前へ移動させ，機体を斜面の頂上に運んだ．エンジンを始動させプロペラを回転させた．兄弟は，最初の操縦者をコインを投げて裏表で決めた．ウィルバーが初めに操縦することになった．

10 m ほど助走し，機体は完全にレールから浮かび上がった．しかし，ウィルバーの機首を上げる操作が大きすぎたので，機体は失速し，後退しながら墜落した．滞空時間は3秒ほどであった．幸いウィルバーにけがはなかったが，機体のダメージは大きく，その日の飛行は終了となった．

フライヤー号初飛行に成功

修理が完了した1903年12月17日の木曜日，この日は風速13 m/s（30 mph）の風が吹き荒れていた．飛行実験を行うには危険な状況とも思えたが，ともかく実験を決行することにした．向かい風が強いので，小屋の横の平坦な場所に離陸用のレールが敷設された．再び信号旗が掲げられた．救助隊の人々の今度の役目は，飛行の証人になること，そして写真撮影をすることである．

エンジンを始動させ，機体をレールから自由にするために針金をはずした．風が強いので機体はゆっくりとしか進まなかった．操縦は弟のオーヴィルの番であった．ウィルバーは翼を支えながら脇を併走した．レールの端まできたとき，機体は60 cm ほど完全に浮き上がり，ウィルバーも手を離した．浮き上がった瞬間の10時35分，カメラを任されていた救助隊員の一人がシャッターを押した．機体が見事に離陸した瞬間の写真（写真8.2）はこうして記録されたのである．

14日のような危険な挙動がこのときも現れた．機体は急に3 m ほど上昇すると，次は急降下した．結局，飛行時間は12秒で，距離は36 m にすぎなかった．それまでグライダーの優雅な飛行を見ていた救助隊員らにとって，それは一瞬のあっけない出来事であった．しかし，兄弟の喜びは格別であった．キティホークに来るようになってから3年半が過ぎていた．一時は不可能とさえ思えた飛行

写真 8.2 1903年12月17日の初飛行の瞬間

が実現したのである．人間が操縦し，エンジンで離陸上昇する．そして，水平に飛行し，離陸地点とほぼ同じ高さの地点に着陸する．それは，過去に行われた単なるジャンプや，滑空を主体とする飛行とは確かに次元の異なるものであった．風は秒速 10.5 m で，地面に対する速度（対地速度）は 3 m/s であったから，対気速度は 13.5 m/s となり，風がなければ 162 m 飛行したことになる．

操縦をウィルバーに交代し，2 回目の飛行を行った．最初の飛行と同様に，機体に慣れていないため過剰な操作となり，上下に波打ち，13 秒，58 m の飛行であった．距離が延びたのは風が弱まったためである．3 回目のオーヴィルの飛行は，操縦に慣れたこともあって安定した飛行となった．横風で機体があおられたため，着地した．記録は 15 秒，60 m であった．

ちょうど 12 時に，ウィルバーの操縦で 4 回目の飛行を行った．最初は機体が上下するが，途中で操縦のコツをつかんだようで，安定した飛行が可能となった．記録は，59 秒，260 m であった．この後，停止中の機体が強風で転倒し，大きなダメージを負ったので，

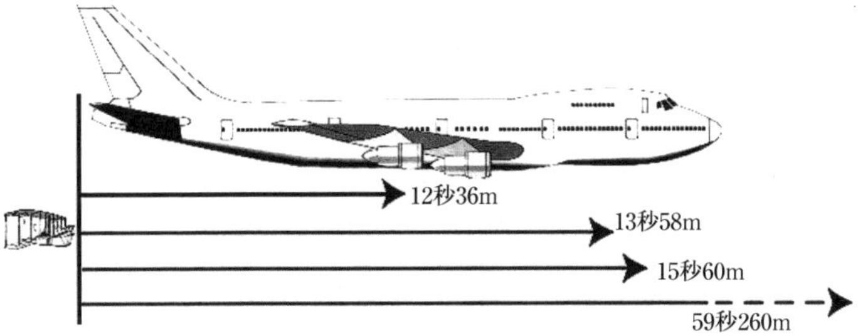

図 8.3　1903 年 12 月 17 日の飛行距離

この日の，そしてこの年の飛行は終了となった．その日の午後，兄弟は 6.4 km 先の気象観測所まで歩き，74 歳になる父親に飛行の成功を知らせる電報を打った．その内容は次のようなものであった．

「木曜の午前 4 回の飛行に成功した．時速 21 マイル（秒速 9.4 m）の風のなか，平地からエンジンだけで発進し，平均速度は時速 31 マイル（秒速 14 m）で，最大 57 秒であった．新聞に知らせてください．クリスマスに帰る．　　　Orevelle Wright」

この電報は，59 秒の飛行時間が 57 秒に誤って，またオーヴィルの英語のつづりも間違っている．初飛行で興奮のあまり間違ったとの指摘もあるが，事実は，電報を中継する際に間違ってしまったようである．兄弟はあくまで冷静であった．初飛行は，これまで着実に研究を進めてきた当然の帰着であった．この日の飛行時間と飛行距離を図 8.3 にまとめておきたい．ジャンボジェットの大きさと飛距離を比較してほしい．

第9章　実用機に仕上げる

記念的飛行を終え，兄弟がデートンに戻ったのは1903年12月23日であった．しかし，世間の反応は意外にも冷ややかであった．ライト兄弟が，飛行機の特許が取得できるまで飛行機のことを秘密にしたかった，というのも一つの理由であろう．1902年12月，兄弟のよき理解者であったシャヌートの薦めもあり，動力飛行の前ではあったが彼らは飛行機の特許を出願していた．彼らの特許は1902年グライダーの主に操縦技術に関するものであり，動力飛行に関しては何も触れられていなかった．兄弟は，操縦技術が1902年のグライダーによって完成されたことを確信していたのである．

初飛行が大きく取り上げられなかったもう一つの理由は，約1分間の飛行が世間の目を引くには短すぎたためであった．1901年，フランスではブラジル生れのアルベルト・サントス・デュモンが飛行船によってパリを一周し，大きな話題となっていた．これに比較すると，1分にも満たない直線飛行はあまりにも未熟であった．兄弟もそのことはよくわかっており，すぐに新たな機体を製作し飛行機の改良を目指した．キティホークまで行かなくてすむように，自宅の近くに飛行の場所を求めた．デートンから東に13 kmほどのところに位置するハフマン氏の農場を借り受けることにした．早速ハフマン農場で飛行訓練をするが，なかなかじょうずに飛ぶことができない．大きな障害となったのは不安定な飛行特性であった．

安定なシステムとは

ライト兄弟のフライヤー号は，自転車のように不安定な乗り物で，常に舵をとってバランスをとることが要求された．前にも述べたが，地上すれすれを起伏に沿って飛行する場合，常に舵をとる必要があり，安定性はないほうが好都合であったと考えられる．

安定な飛行とは何を意味するのか．簡単にいえば，手ばなしでもまっすぐに飛行できることである．障害物のない上空を長時間飛行する場合，こうした特性が要求されるのはいうまでもない．安定性はどのような場合に得られるのかを説明する必要がある．

例えば，やじろべえを考えてみよう．やじろべえは，重りの重さと支点からの距離を掛けたモーメントが左右でバランスすれば釣り合う．ただバランスするだけなら，シーソーのように腕がまっすぐでもよいはずである．しかし，腕がまっすぐなやじろべえは面白くない．やじろべえは傾けても戻り，振動を続けるから玩具になる．腕がまっすぐなやじろべえは，傾けてもその位置で止まってしまい，戻らない．

なぜ，やじろべえは戻るのか？　これはなかなか難問である．東大生でもすぐに答えられる者は少ない．腕を下に曲げたやじろべえを傾けると，図 9.1 のようになる．注意深く見ると，左の重りは下に動くと支点に近づくが，右の重りは上に動いて支点から遠ざか

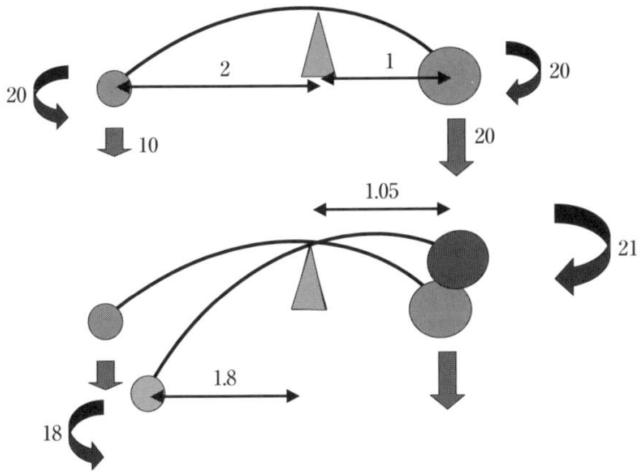

図 9.1　やじろべえの安定性

る．つまり，モーメントのバランスが崩れ，傾きを元に戻す力（復元力）が作用する．

やじろべえのように，釣り合った状態からバランスがくずれても元の状態に戻す復元力が作用するシステムを「安定である」という．厳密には静的な安定性があるという．シーソーのように傾いてもそのままで止まるシステムは「中立である」といい，腕を上にしたような逆やじろべえは「不安定である」という．

重心が決める縦の安定性

飛行機は，重力と釣り合う揚力が発生できれば空中に浮くことができる．簡単のために，主翼と尾翼が長方形平板の飛行機を考える．揚力は，主翼，尾翼とも前縁から1/4の位置（空力中心）にある．揚力は面積に比例するので，主翼の揚力は尾翼よりも大きい．それぞれの揚力のつくる重心まわりのモーメントが等しくなるように，具体的には図9.2のように重心を調整すればバランスがとれる．このときの重心位置を中立点という．

ただし，図9.2のようなバランスは，シーソータイプのバランスで，やじろべえタイプではない．図9.2で，例えば迎え角が大きくなった場合，前後の揚力が同じ割合で増加するので，重心まわりのモーメントは釣り合ったままである．つまり，自然に元の迎え角に戻る復元力は作用しない．

復元力を与えるには，重心を中立点（図9.2の重心位置）より前に移動させればよい．図9.3のように，主翼の揚力の位置に重心がある場合を考える．このとき，重力と主翼の揚力は同じ位置に作用するので，それだけでバランスがとれる．つまり，尾翼には揚力があってはいけないことになる．

尾翼の揚力を0にするにはどうしたらよいか．揚力は流れと翼のつくる角（迎え角）に比例するから，尾翼の迎え角を0にすればよい．図9.3のように，尾翼を傾けて取り付けるのである．このと

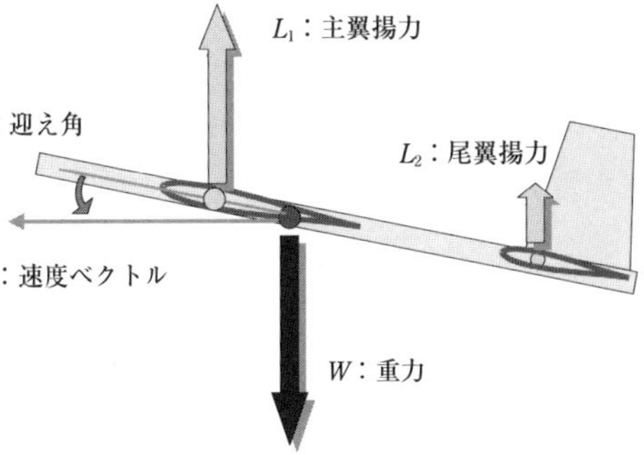

図 9.2　シーソータイプの釣合い（中立）

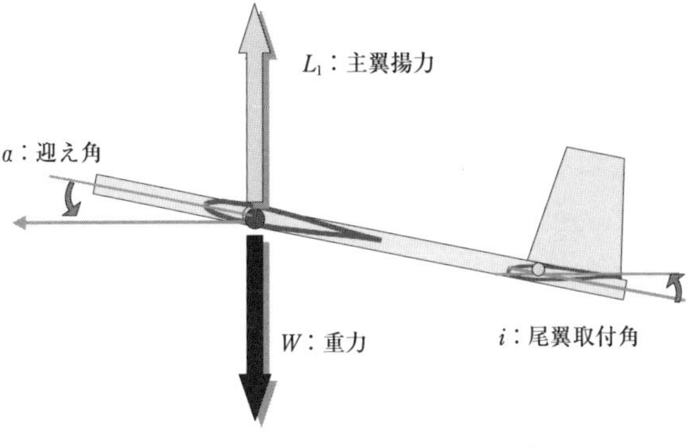

図 9.3　やじろべえタイプの釣合い（安定）

き，尾翼の揚力は 0 であるが，機首が上がり迎え角が増した場合，尾翼に揚力が発生する．この揚力は，機首を下げるモーメントをつくる．つまり，尾翼の揚力は機体の姿勢を元に戻す復元力として作用する．尾翼が安定性を生み出す役割を担っているのである．

飛行機の重心位置

現在の飛行機の重心位置は，多少の幅はあるが，図 9.3 のように主翼の前縁の 1/4 あたりにある．また実際には，主翼の断面は上に反ったキャンバーのある翼型をしている．こうした翼には頭を常に下げようとするモーメントが作用するので，尾翼はモーメントを打ち消すために，さらに傾きを増さねばならない．その結果，多くの飛行状態では尾翼は下向きの揚力をつくって飛んでいることになる．ジャンボジェットの尾翼は上下逆さの翼型を採用している．つまり，下に反った翼型で下向きに揚力をつくる．このように，尾翼は主翼の揚力を犠牲にしてまでも，機体のバランスと安定性の確保に努めている．

機体の重心は飛行機の命である．ジャンボジェットのような大きな機体でも，重心位置が定まった値に収まるよう，燃料や乗客や荷物の配置を管理しバランスさせている．私がアメリカで小さなコミューター機に乗ったとき，パイロットから席を前に移すよう命じられたことがある．それほどパイロットは重心に気を配っている．

速度を調整する尾翼

以上のことを逆にたどってみよう．重心位置が変化しない場合，尾翼の角度を決めると，バランスのとれる主翼の迎え角が決まることになる．バランスがとれて飛んでいる場合は，揚力と重力は釣り合わねばならない．一方，揚力は迎え角に比例し，速度の2乗に比例するという関係がある．迎え角が，バランスのとれる値に定まると，釣り合って飛べる飛行速度は一つに決まる．

例えば，尾翼の角度を大きくすると，バランスする迎え角が大きくなり，飛行速度が小さくなる．逆に尾翼の角度を小さくすると，飛行速度が大きくなる．つまり，尾翼の角度を変えることで，飛行速度を変えることができる．実際の飛行機は，尾翼の後方の昇降舵（エレベータ）を操作することで飛行速度をコントロールしている．昇降舵は機首を上げたり下げたりするのであるが，実は，飛行速度をコントロールするという役目も担っている．飛行速度を上げるというと，エンジン推力を増すことをすぐに連想する．もちろんエンジンの推力調整も変化した空気抵抗と釣り合うために必要だが，昇降舵（エレベータ）を操作してバランスをとり直すことが重要である．

尾翼が前にある機体

フライヤー号のように尾翼を前に配置すると不安定になるかというと，そうではない．前にある尾翼は，アヒルの口ばしのようだというので，フランス語の「カナール」（アヒル）から「カナード」と呼ばれる．尾翼が前にある機体をドイツではエンテ機というが，これもドイツ語の「エンテ」（カモ）が語源であり，カナードと同じ発想である．カナードまたはエンテ機の場合も，中立点より前方に重心があれば安定になる．

カナード形態の機体は時々見受けられる．フライヤー号にも匹敵する偉大な機体は，1986 年に無給油無着陸で世界一周飛行を成し遂げたボイジャー（写真 9.1）であろう．設計者のバート・ルータンの兄ディックと女性パイロットのジーナ・イェーガーの操縦によって，1986 年 12 月 14 日，カリフォルニア州エドワード空軍基地をボイジャーは離陸した．西向きに飛行を続け，9 日と 3 分 44 秒で，無給油無着陸で地球を一周した．飛行距離は 40 244 km であっ

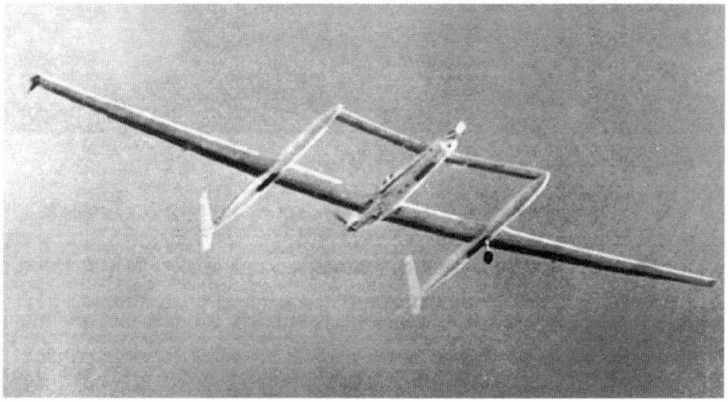

写真 9.1　1986 年世界一周飛行に成功したボイジャー

た．それ以前の最長飛行距離は 1962 年にボーイング B-52 H が記録した 18 245 km にすぎなかった．地球は丸いので，実は一周する必要はなかったためである．軽量化と効率向上を極限まで突き詰めた結果がボイジャーのカナード形態をつくったといえる．実は，カナード形態にすると，安定性を確保しつつ，カナードに揚力をもたせることができる．

中立点よりも前に重心をおけば安定性が確保できるのは，カナード機の場合も同じである．このときは，カナードの取付け角を主翼より大きくして，カナードに大きな揚力をもたせることになる．カナードも揚力を負担するので，主翼の揚力を小さくでき，効率のよい機体が設計できるわけである．ただし，ほとんどの飛行機が尾翼をもつのは，それなりの理由がある．写真 9.2 のスターシップはボイジャーと同じルータンの設計である．前衛的な機体であるが，垂直尾翼に少し無理が感じられる．カナード機では重心と垂直尾翼の距離が小さくなりがちで，方向安定性の確保が難しそうである．カナード機のもう一つの問題は，大きな揚力をカナードがもつため，カナードが失速しやすいことである．離着陸時の失速は危険を招くので，避けなくてはならない．スターシップではカナードに複雑な

写真 9.2　スターシップ（1989 年）

フラップ（翼を展開して揚力を増加させるメカニズム）を組み込み，失速を防いでいる．

1904 年フライヤー号の試行錯誤

1903 年のフライヤー号の中立点は，主翼のおよそ 10%翼弦位置にあった．重心位置は 30 %翼弦位置で，中立点より後方にあったと考えられている（資料 2-10）．安定性は重心が中立点の前にある場合に得られるから，フライヤー号はひどく不安定な機体ということになる．

1904 年フライヤー号では，機体を頑丈にするに伴いエンジンも 18 馬力程度に強化された．不安定な操縦性を改善するために，15 kg の重りを後方に追加し，重心を主翼の 32 %に移した．この改造は明らかに逆効果である．すぐに前方に 32 kg 追加するが，操縦性の問題は完全には解決されなかった．まだ，重心が主翼の 23 %にあり不安定であった．

1904 年の最も大きな成果は，発進用のカタパルトをつくったことである．風向きに合わせて長いレールを敷くのは大変であった．やぐらを組み，上に滑車を取り付け，重りを引き上げる．落下する重りの力で綱を引き，飛行機を加速するのである．カタパルトを用いれば無風状態でも離陸することができた．新しい発進装置で飛行を重ねることができ，飛行時間は 5 分に達し，しかも旋回飛行が初めて可能になった．

実用の域に達した 1905 年フライヤー号

翌 1905 年も練習を繰り返した．7 月 14 日にクラッシュしたのを機に，機体を大幅に改造した．水平舵を前方に延ばした結果，重心が前方に移り，フライヤー号は初めて安定した飛行が可能となった．また，操縦方式も改良された．それまでは，主翼のねじりと垂直尾翼を連動して操作したが，今日の飛行機のように両者は切り離された．翼のねじりはこれまでどおり腰を左右に移動させたが，垂直尾翼の操作は右手のレバーで行うようにした．この結果，微妙な操縦が可能となった．主翼のねじり，水平舵，垂直尾翼の三つの操縦ができたのも，機体に安定性が備わったためである．

飛行時間はどんどん長くなり，その年の滞空時間は合計5時間にも及んだ．ハフマン農場上空を30分を超え飛行することができ，30回も周回を続け，飛行距離は39 kmに及んだ．飛行機としてほぼ実用の域に達したと判断した兄弟は，技術が盗まれることを恐れるあまり，このあと2年半もの間一度も飛ばなかった．次の目標は飛行機を売り込むことであった．

第10章　飛行機の売込みを開始する

それまでは技術が盗まれることを恐れて秘密裏に飛行を行っていた兄弟であったが，飛行機を売り込むために公開飛行を決意するようになる．1908年2月アメリカ陸軍から評価テストの依頼が，また同じ頃，フランスからはライセンス生産の話が持ちかけられた．兄弟はヨーロッパとアメリカに分かれ，同時に売込みを開始した．この章では，ヨーロッパの飛行機の開発状況を振り返り，ライト兄弟の機体との技術的な比較をしたい．

最初の実用機フライヤーA型

1905年以来，飛行を行っていなかったライト兄弟であるが，エンジンや機体の改良は続けていた．エンジンは30馬力が出せるようになり，パイロットは座る姿勢をとるようになった．操縦姿勢の変化に伴い，操縦装置も変更された．操縦席の左には従来どおり昇降舵を操作するレバーが，右には主翼のねじりと方向舵を操作するレバーが配置された．右のレバーの操作法には2種類あったらしいが，詳しくは第14章で紹介したい．

飛行機として見ると，操縦席の右に同乗者を乗せるようにしたことが最大の進歩かもしれない．兄弟は，この機体を最初の実用機と定義し，「ライト・フライヤーA型」と命名した．1908年の春，兄弟は新しい機体の操縦に慣れるために，1905年の機体をA型に改造し，1903年以降訪れていなかったキティホークで試験飛行を行った．5月14日，兄弟は新しく採用した助手を横に乗せ，世界で初めて二人乗りの飛行を行った．機体を売り込むための公開飛行の準備がほぼ整ったことになる．

写真 10.1　フライヤー A 型（1908 年）

写真 10.2　フランスで飛行するフライヤー A 型（1908 年）

フランスでの華麗なる旋回飛行

ライト兄弟の兄ウィルバーは，ヨーロッパに機体を売り込むため，1908年8月8日，フランスのルマンの南に位置するユノディエール競馬場において，兄弟にとって最初の公開飛行を行った．

タイヤをもたないフライヤーA型のために，競技場に離陸用のレールが敷かれ，カタパルトの重りを吊り上げるためのやぐら（写真10.2）が備えられたのは正午近くであった．砂地ではなくトラックでの離陸であるから，タイヤによる助走で離陸できたはずだが，1903年のフライヤー号にこだわりがあったのであろう．A型になっても離着陸にはそりを用いていた．エンジンがかかり，ウィルバーは機体を離陸させると高さ10mほどに上昇し，主翼のたわみを利用して巧妙に機体を傾けながら旋回を行った．そして，1分45秒後に1kmの旋回コースを2周した後，優雅に着陸した．ライト兄弟の飛行を一目見ようと集まった観客は，この華麗な旋回飛行に驚嘆した．ウィルバーは，その後のデモンストレーション飛行で8の字飛行まで披露したのである．ウィルバーのフランスでの飛行は順調に進み，9月21日には1時間31分25秒の滞空飛行時間記録を樹立した．

同時期に，弟のオーヴィルもアメリカ陸軍の受入れテストをこなし，9月9日には1時間2分3秒の記録を出していた．ライト兄弟，絶頂の時であった．

オーヴィルと妹のキャサリンも1909年1月にはウィルバーに合流し，5月までヨーロッパに滞在し，各地でデモンストレーション飛行を繰り返した．彼らは各地で熱狂的に迎えられ，時には同乗者を乗せて飛行した．その一人，アール・ベルグ婦人は，最初に飛行機に乗った女性となった．彼女は，スカートの裾をスカーフで結び，なんとそのスタイルは当時の流行ファッションにもなったという．

公開飛行の効果は絶大で，ウィルバーは一躍，時の人となり，フランス，ドイツ，イタリアでA型のライセンス生産も決まった．さらに，ウィルバーはフランスのポー市に飛行学校を設立するとともに，各地で飛行教室を開催した．自らの飛行機の生産を伸ばすためには，パイロットを養成する必要があった．

ファルマンの旋回飛行

フランスの観客がウィルバーの飛行に驚いたのには理由があった．半年ほど前の1908年1月13日，パリ在住のイギリス紙記者の息子アンリ・ファルマン（Henry Farman：1874–1958）はボアザン・ファルマンⅠによって，パリ郊外の陸軍演習場にて1kmのコースを周回飛行していた（写真10.3）．写真でわかるように，ボアザン・ファルマンⅠはすでにタイヤで離着陸していた．

ボアザン・ファルマンⅠは，ライト兄弟の機体とは違って機体を傾けるような機構はなく，尾翼の方向舵（ラダー）のみで旋回した．ファルマンは，機体を水平に保ち横滑りさせながらぎこちなく飛行し，一周するのに1分28秒を要した．しかし，この飛行はヨーロッパでは最長の飛行記録であり，ファルマンは1kmの周回飛

写真10.3　ボアザン・ファルマンⅠの旋回飛行（1908年）

行を最初に達成した飛行家に与えられるドゥチュ・アルシュデック賞と5万フランの賞金を手にした．ヨーロッパの人たちはファルマンの快挙に喝采した．だが，ライト兄弟が2年も前に，同距離の39倍も飛行している事実を知る者は少なかったのである．

旋回のメカニズム

1908年8月8日のウィルバーの華麗な飛行を目撃したヨーロッパの飛行家たちは，自らの操縦技術との格差に愕然としたであろう．一般大衆の眼にも，ライト兄弟の優位は明らかであった．ファルマンのボアザン機は，垂直尾翼をラダーとして動かすことによって機首の向きを変え，機体を水平に保って旋回したのだが，ライト兄弟の機体は主翼をねじって，機体を傾けるのであった．ライト兄弟の機体もラダーを備えているが，機体を傾けるときに機首の方向を微調整するために使用するもので，旋回の主役はあくまで主翼のたわみによるねじりであった．

ライト兄弟の旋回は，力学にかなった合理的なものである．物体を円に沿って運動させるためには，遠心力に釣り合う中心を向く力（向心力）が必要となる．ニュートンの運動の法則を説明するために，地球と月の運動を考えたとおりである（第5章参照）．ひもの先端に重りをつけ回転させる場合を考えてみよう．重りには遠心力が作用し，向心力はひもを引っ張る力となる（図10.1）．飛行機の旋回の場合でも，ひもの引張力に相当する向心力が必要である．ファルマンのボアザン機はラダーで機首の向きを変え，機体を横滑りさせることで向心力をつくった．

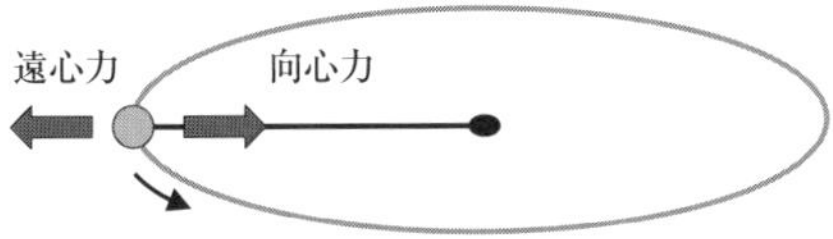

図10.1　遠心力と向心力

向心力をいかにして得るか

ラダーで右に旋回する場合，ラダーを右に傾ける．このとき，ラダーに左向きの揚力が発生して機首は右を向く．しかし，機体は慣性力によってなおも直進しようとするので，機首が右を向いたからといって旋回できるわけではない．右に旋回するためには，右向きの向心力が必要である．機体を傾けないとすれば，この右向きの力を，機体に発生する横力に頼るしかない（図 10.2）．横力は，機首方向と進行方向のずれ（横滑り角）によって発生する．つまり，常に機体を横滑りさせ旋回する．

まったく別な例であるが，車を旋回させる（コーナーを曲がる）場合を考えてみよう．ハンドルを切ってタイヤの向きを変えることで旋回するのであるが，実はハンドルは飛行機のラダーのように車体の向きを変えるきっかけを与えるのが主な役目である．旋回中に遠心力に対抗する向心力は，主にタイヤのサイドフォースによって得ている（図 10.3）．きびしいカーブでタイヤが軋（きし）むのはこのためである．サーキットのように路面に傾き（カント）をつければ，大きなハンドル操作がなくともコーナーを曲がることができる．重力の傾きを向心力として利用できるのである．

飛行機でも，旋回の内側へ機体を傾けるが，向心力の源は，内側に傾いた揚力の水平成分である．ライト兄弟が翼をたわませたのは，まさに機体を傾け揚力を内側に傾けるためであった（図 10.4）．旋回半径を小さく，旋回速度を上げようとすれば大きな遠心力が作用するから，それにバランスする向心力が必要となる．ボアザン機の方式では大きな向心力をつくることは困難であるが，ライト・フライヤー A 型は傾き角を大きくとることで望みの向心力をつくることができた．

設計思想の違い

両機の旋回飛行の違いは安定性に対する認識の違いを物語ってい

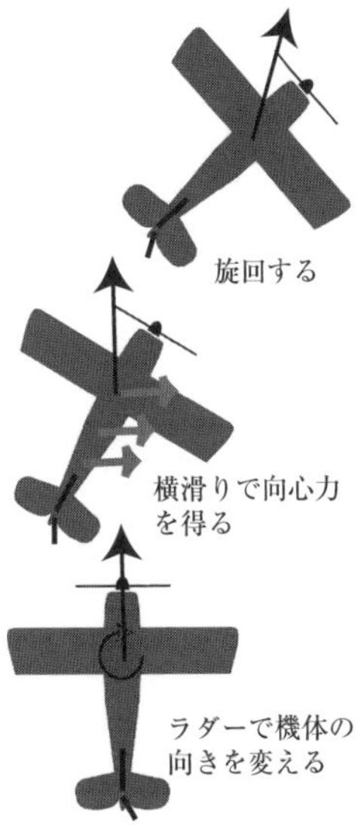

図 10.2　ラダーによる旋回

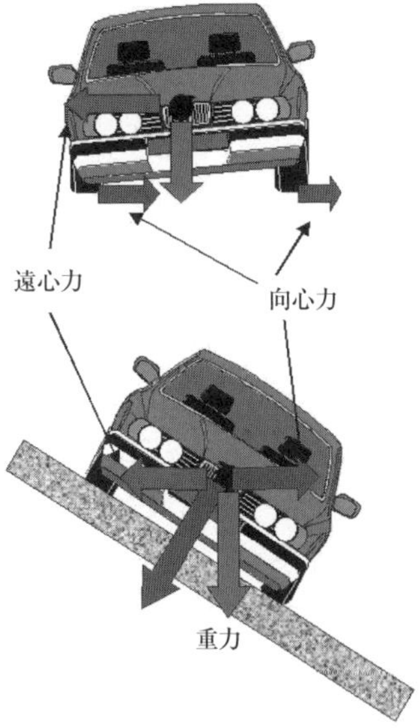

図 10.3　車の旋回

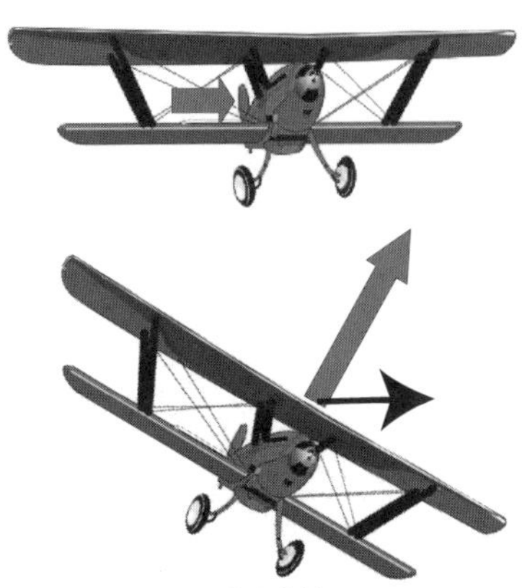

図 10.4　旋回方式の違い

る．ファルマンのボアザン機はヨーロッパの伝統に基づき，安定してまっすぐ飛行する特性を重視していた．ヨーロッパではケイレイの模型飛行機（写真 2.1）の流れを引き，操縦をしなくても安定して飛行できることが重要だと考えられていた．パイロットの乗っていない模型飛行機は，安定性がなければ飛べないからである．

安定性が強い飛行機は常にまっすぐ飛ぼうとするので，方向を変えるときには余分な労力が必要となる．ファルマンのボアザン機が不器用な旋回を強いられたのは，強い安定性を求めた結果ともいえる．一方のライト兄弟の機体は，安定性ではなく操縦性を重視した設計なので，旋回はむしろ得意であった．

第 7 章で触れたように，1900 年から開始したグライダーでの飛行実験で，地面すれすれに機体を巧みに操縦するには，機体がすぐに応答するよう不安定にしたほうがよいことを学んでいた．ヨーロッパにも操縦性を重視していたドイツのリリエンタールがいるが，彼はヨーロッパの飛行機研究の主流にはいなかった．さすがにライト・フライヤー A 型は安定な機体に仕上がっていたが，強い安定性とは無縁であった．

フランス飛行機の歴史

ファルマンが獲得したドゥチュ・アルシュデック賞が何であるかを知るためには，フランスの飛行機開発の歴史を調べなくてはならない．そもそも人が空を飛ぶことにかけては，フランス人は世界のトップにいた．今でもフランス人は原動機付きの飛行機の初飛行はフランス人によってなされたと主張するであろう．よく知られていることであるが，フランスの電気技師クレマン・アデール（Clément Ader：1841–1925）は 1890 年に，蒸気エンジンを搭載し，コウモリのような翼をもつエオールで，わずかの時間空中に飛び上がった．さらに 1897 年には，アビオン III（写真 10.4）を飛ばそうと試みるが，エオールにせよ，アビオン III にせよ，アデー

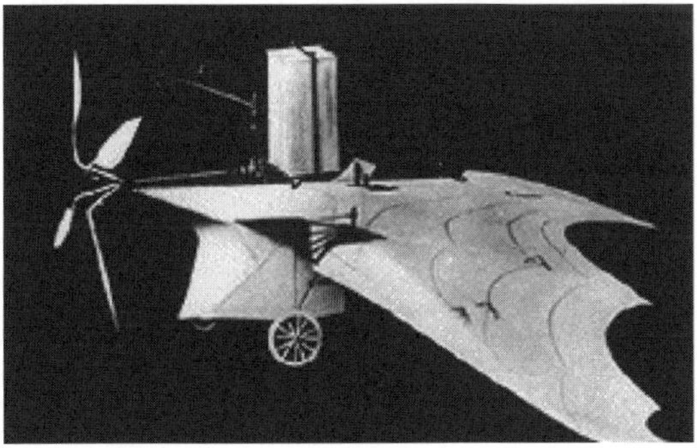

写真 10.4 アデールのアビオン III（1897 年）

ルには操縦という概念が欠けていたので，いずれの機体も飛行したとは見なされていない．

アデールの考案した「アビオン」という言葉は航空の世界に生き残ることになるが，この時点で，フランスの飛行機の開発は急に停滞する．リリエンタールの墜落死（1896 年）が，飛行機への熱を冷ましたかのように，飛行への夢は飛行船へと移ってゆく．1900 年にはツェッペリンが長さ 128 m の巨大な硬式飛行船 LZ 1 をつくり，1901 年にはブラジル生れのサントス・デュモン（後で述べるが，彼はヨーロッパ初の動力飛行に成功する）が飛行船でエッフェル塔を周回し，賞金 10 万フランを獲得する．まさに飛行船の時代であった．

ドゥチュ・アルシュデック賞の創設

この時期のフランスでの飛行機開発の推進者として，フェルディナン・フェルベ大尉とエルネ・アルシュデックの名をあげなければならない．

フェルベはオクタブ・シャヌートを通してライト兄弟のグライダーの飛行実験を知り，ついにはライト兄弟と書簡を交換するに至り，グライダーの飛行も行った．一方のアルシュデックは，パリ在住の裕福な弁護士であり，自動車，モーターボートなどに熱中するスピードマニアであった．彼はフェルベに感化され，フランス飛行クラブの設立に貢献した．同クラブは 1903 年 4 月，フランスに一時帰国したシャヌートの講演会を企画している．ライト兄弟の初飛行は 12 月であり，この時点ではグライダーの滑空飛行が紹介されたにすぎないが，フェルベはフランスでの状況との差を痛感し，アルシュデックに資金的な援助を訴えた．

ところで，シャヌートはライト兄弟のグライダーについて兄弟に了承を得ることなくヨーロッパで講演した．このことに，ライト兄弟は不満をもった．彼らの技術が不当に模倣されるのでないかという危惧を抱いたのであろう．これ以後，シャヌートとライト兄弟の交流にかげりが見えてくる．

1903 年 12 月にはライト兄弟初飛行のニュースが伝わり，フランス飛行クラブは慌しくなった．アルシュデックは石油王のアンリ・ドゥチュ・ド・ムールトとともに，1 km のコースを最初に周回飛行した動力飛行機に 5 万フランを与えるという賞を設立した．これがドゥチュ・アルシュデック賞であった．

サントス・デュモンの初飛行

飛行機の開発は遅々として進まなかったフランスであったが，ようやく役者が登場する．ヨーロッパにおける最初の評価すべき動力飛行は，ブラジル生れのアルベルト・サントス・デュモン（Alberto Santos-Dumont：1873–1932）によって達成された．サントスはブラジルのコーヒー園の息子で，気球や飛行船でパリの人気者となり，ついに動力飛行機サントス 14 ビスを製造した（写真 10.5）．14 とは彼の 14 号飛行船を意味しており，14 番目の飛行機というわけではない．

サントス 14 ビスの箱型翼は，オーストラリアのハーグレイブスが，当時，ヨーロッパで飛ばして人気を博していた箱型だこを参考

写真 10.5　サントス・デュモンの 14 ビス（1906 年）

にしたと思われる．箱型の操舵翼を機体前方におくのはライト兄弟の影響であろう．この操舵翼は，取付け角を変えることで昇降舵と方向舵の役割を果たした．ライト機のように機体を傾ける機構はなく，主翼の上反角で横の安定性を得ていた．アヒルに似たこの機体はカナールと呼ばれた．1906 年 9 月 13 日，飛行船から落とされた 14 ビスはついに飛行に成功し，11 月 12 日には地面から離陸し 21.2 秒，220 m の飛行を記録した．彼の飛行に対してフランス国民は喝采を送った．しかし，箱型の操舵翼を，立った姿勢で操作する 14 ビスの不器用な飛行は，ライト兄弟のフライヤー号の足元に及ぶものではなかった．

ボアザン兄弟による飛行機製造

サントスの 11 月 12 日の記念すべき飛行を，ボアザン・ファルマン機の設計者ガブリエル・ボアザン（Gabrier Voisin：1880–1973）と，後にドーバー海峡横断で一躍英雄となるルイ・ブレリオ（Louis Blériot：1872–1936）が目撃している．当初ブレリオは，アルシュデックがボアザンに依頼した機体のテスト・パイロットであった．ブレリオとボアザンは共同で機体を開発するが，ブレリオの気まぐれによって設計は二転三転し，機体の完成度は低く，11月12日も機体を破損させたところであった．

その後，ボアザンはブレリオと別れ，兄のシャルル・ボアザンとボアザン・ドラグランジュⅠを製作し，1907年3月30日に飛行時間6秒，飛行距離60 m を記録した．ドラグランジュはその後活躍する名飛行家で，ボアザンは顧客の名前を機体につけていた．そして，アンリ・ファルマンの依頼によりボアザン・ファルマンⅠを製作する．ボアザンの機体はサントス14ビスとは逆に箱型翼を後方に配し，両端板をラダーとした．旋回はこのラダーだけを用いた．昇降舵はライト機のように主翼前方におくが，後方の箱型翼が水平尾翼の役割ももち，安定性には優れていた．エンジンは主翼中央におかれ，プロペラを直接駆動し，降着装置として車輪も備えていた．

ファルマンは，この機体により1907年11月5日にパリ郊外で公開飛行を実施した．観衆のなかには，フランスへ機体を売り込むため下調べにきていたウィルバーもいた．ファルマンの飛行は1分程度で，飛行距離は800 m 程度であった．フランスの観客は歓喜したが，ウィルバーの目には幼稚な飛行に映ったに違いない．さらにファルマンは，1908年1月13日に1 km の周回飛行に成功し，ドゥチュ・アルシュデック賞を獲得するのである．ボアザン兄弟はフランスで最初に成功した飛行機製作者となった．

名機アンリ・ファルマンⅢの出現

1908年のライト・フライヤーA型の飛行は，ヨーロッパの飛行家たちに強烈な影響を与えた．機体を旋回させるためには機体を傾ける必要があることをアッピールしたのである．シャヌートの講演により，機体を傾ける機構がライト兄弟の機体に備えられていることはヨーロッパに伝わっていたが，その重要性が認識できなかった．

ヨーロッパの機体も直ちに機体を傾けるメカニズムを取り入れるが，ヨーロッパの飛行技術の大きな貢献は，エルロンの発明と，フットバーと操縦桿による操作方法の確立にあろう．エルロンとは，鳥の翼の先端を意味するフランス語なのだそうだ．本格的なエルロンはアンリ・ファルマンによって採用された．アンリ・ファルマンは，ウィルバーの飛行に刺激され，エルロンを装着したボアザン・ファルマンⅠビスに改造し，1908年10月30日，ブイからランスまでの27 kmのクロスカントリー飛行を敢行した．ウィルバー・ライトは同年12月31日に，フランスのオーブールで2時間20分，125.5 kmの飛行記録を打ち立てたが，それは単なる周回飛行であったから，ファルマンは，飛行機実用化に向けた貴重な飛行をしたことになる．エルロンによる操縦性を獲得したボアザン・ファルマンⅠビスの安定な飛行特性は，将来の長距離飛行には不可欠な要素であった．

写真 10.6　アンリ・ファルマンIII（1909年）

アンリ・ファルマンは翌1909年，弟のモーリスも後に参加する工場を開設し，アンリ・ファルマンIII（写真10.6）を製作する．ボアザン機をさらに洗練させた機体は，世界中でコピーされる名機となった．

1910年12月19日，徳川大尉が代々木練兵場において日本で最初の飛行に成功したのもアンリ・ファルマンIIIであった．徳川大尉は70 mの高度で場内を2周し，4分間の飛行に成功した．続いて，日野大尉もグラーデ単葉機で1分20秒飛行した．日野大尉は半円の途中で着陸していることからも，アンリ・ファルマンIIIの優れた飛行性が伺える．

ブレリオのドーバー海峡初飛行

ボアザンと飛行機づくりに格闘したルイ・ブレリオも，1909年7月25日のドーバー海峡横断飛行の成功により，航空界において確固たる地位を確立した．ドーバー海峡横断とはいえ，32分，40 km程度の飛行であった．ウィルバーが前年12月31日に樹立した記録（125.5 km）に比べれば平凡な飛行であったが，ドーバー海峡を横断したということに特別の意味があった．

機体は，それまでのブレリオの複葉機とは一線を画すブレリオXI（写真10.7）である．主翼は単葉であり，プロペラとエンジンは機首におかれた．しかも，ライト兄弟のようにチェーンでプロペラを駆動することもない．空冷星型3気筒25馬力という強力なエンジンを用いたので，効率が多少悪くなっても，プロペラを直接駆動したほうが信頼性を上げることができる．また，尾翼を後方に配置する場合，エンジンは重心を前にするために機体先端におくべきであった．水平と垂直尾翼の配置は，現在の飛行機のスタイルそのものである．ブレリオの機体が突然変異のように洗練されたのは，XIが後にフランスを代表する飛行機設計者レイモン・ソルニエ（Raymond Saulnier : 1881–1964）の手になるからだ．ソルニエは

写真 10.7　ブレリオ XI（1909 年）

モラーヌ兄弟とモラーヌ・ソルニエ社を設立し，第一次世界大戦の高速単葉機を生み出している．

ブレリオ XI は，エルロンではなくライト兄弟のような翼のたわみを利用しているが，単葉翼であるから構造はかなり異なる．胴体にポストを立て，ワイヤーを主翼の前後に張り，操縦桿と結ぶことで翼をねじっている．この形式は単葉機に広く採用されたが，翼をねじるには翼の剛性を落とす必要があり，XI がしばしば空中分解を起こすのも，そのことに関係していそうである．XI で特記すべきは操縦方式を確立した点にある．詳しくは第 14 章で考察したい．

名パイロット，ラタムのアントワネット

同時期のフランス機として，名設計者レオン・ルババッスール（Léon Levavasseur：1863–1921）によるアントワネット（写真 10.8）にも触れたい．パートナーの娘の名前からとったアントワネットは，その名に違わぬ優美な単葉機であった．初飛行は IV 型の 1908 年 10 月であり，1909 年の VII 型まで続く．機体を傾けるメカニズムは IV 型と V 型ではエルロン方式であったが，その後は翼をねじる方式に転向している．

写真 10.8　アントワネット（1908 年）

先が細くなるテーパーのついた主翼は，空力的にも優れたものであった．当時としては厚みのある円弧翼であったから，ねじるのも苦労したと思われる．ライト兄弟の影響をよほど強く受けたのであろう．この機体で特徴的なのは，主翼が大きな上反角をもつことである．上反角は，長い胴体の後方に取り付けられた尾翼とともに機体の安定性を向上させ，優雅な飛行を可能としている．同機が悲運の貴婦人と呼ばれるのは，名パイロット，ユーベル・ラタム（Hubert Latham：1883–1912）の操縦で，1909 年 7 月 19 日と 27 日にドーバー海峡横断飛行に挑戦するが，エンジントラブルでいずれも着水に終ってしまったからである．

ブレリオとラタムの争い

ドーバー海峡横断は前述のルイ・ブレリオと一番乗りを競ったものであった．優雅な飛行を特徴とするラタムのアントワネット機は天候が穏やかになった 7 月 19 日，カレーからドーバーに向かって離陸した．離陸後まもなくエンジンが不調になり，着水してしまった．ラタムは別の機体の到着を待ち，再挑戦を目指した．ラタムを追うブレリオは 25 日未明，ラタムのチームが目覚めぬ前にカレー近くのレ・バクラを離陸する．32 分後，ブレリオは大観衆の待つドーバーに無事到着した．ロンドンのデイリー・メール紙社主のノースクリフト卿が提供した1 000 ポンドの懸賞はブレリオの手に渡った．

ブレリオが成功したという知らせを聞いたラタムは，「ほんとうにおめでとう．すぐ君の後を追いたい」と祝電を打ったという．見事な騎士道である．ラタムは27 日に再挑戦するが，再びエンジンの不調に見舞われたのは不運であった．しかし，ラタムは愛機アントワネットにより各地を遠征飛行し，国際的なパイロットとして名声を確立した．ラタムは29 歳のとき，アフリカのサイ狩りで命を落とした．生れつきの冒険家であった．

一方のブレリオ XI は，ドーバー海峡横断により評判となり，大量に生産された．ヨーロッパ各国でライセンス生産され，第一次世界大戦初期まで各国で使用されたという．ドーバー海峡横断以外にも，アルプス越えや初の宙返り飛行など，数々の輝かしい業績を残している．

ヨーロッパ機の時代

ライト・フライヤー A 型の華麗な飛行によって，旋回操縦の本質をようやく理解できたヨーロッパの飛行機設計者は，本来のヨーロッパ機の伝統であった安定性に操縦性を獲得することに成功した．「飛行機の設計は大したことではない．実際の製作は少し手間取る．飛ばすとなると大事である」とは，飛行のパイオニアであるオットー・リリエンタールの言葉である．しかし，現実の飛行機はそうではなかった．ライト兄弟のように，操縦技術と密接に関係した設計技術が要求されたのであった．

ライト兄弟から旋回方式を学んだヨーロッパ機は，エンジンがアメリカよりも発達していたこともあり，急速に進歩した．多くのパイオニアが飛行機製造に乗り出し，冒険家たちが新たな飛行に挑戦した．それに比較すると，ヨーロッパ遠征時に絶頂にあったライト兄弟はヨーロッパから何を学んだのであろうか．ねじられる複葉の主翼，特異な水平舵，チェーン駆動によるプッシャー式のプロペラ，そりによる離着陸という1903年のフライヤー号に固執した兄弟の機体は，1909年の時点ですでに旧式なものに見えてしまう．しかも本国では，飛行機の改良どころではなく，ライト兄弟を悩ます事件が発生する．

第11章　カーチスと特許をめぐり争う

ヨーロッパでの飛行によってその実力を誇示したライト兄弟であったが，自国アメリカでは飛行機の特許をカーチスと争うことになる．ライト兄弟の特許は，1902年のグライダーで確立したねじり翼による操縦を特徴とした．カーチスはこれを避けるためにエルロンを用いるが，ライト兄弟は自分たちの特許に抵触するとしてカーチスを訴えた．実は，ライト兄弟は世界中の飛行機製造業者と同様の争いを起こすことになり，カーチスはその一例にすぎなかった．飛行機の特許を独占しようとするあまり，ライト兄弟は世界を相手にした不毛の争いに身を投じる羽目になった．

スピード王カーチスの経歴

ライト兄弟の競争相手となるグレン・ハモンド・カーチス（Glenn Hammond Curtiss：1878-1930）は1878年ニューヨーク州のハモンズポート（図1.1参照）で生れ，自転車とオートバイの製造によって成功した．カーチスは事業の成功に満足するだけでなく，1907年には強力な8気筒のエンジンを搭載したオートバイによって，時速219.4 kmの非公認世界記録を樹立した．生来のスピード狂であった．このエンジンは飛行船や飛行機のエンジンとして注目を集めることになり，カーチスはライト兄弟にも接触するが，その計画はライト兄弟の秘密主義によって実現には至らなかった．これがカーチスとライト兄弟の最初の出会いとなる．

カーチスのエンジンは電話を発明した富豪アレクサンダー・グレハム・ベルの目にとまる．ベルは航空実験協会AEAを1907年9月に設立し，カーチスは技師として同会に参加した．この会には，陸軍のセルフリッジ（Thomas E. Selfridge）中尉も参加していた．

AEAの目的は飛行機の開発にあったが，最初はグライダーの調査から始まり，セルフリッジ中尉はライト兄弟にグライダーの構造について手紙で問い合わせている．このことは後の特許論争の争点ともなった．兄弟は，セルフリッジが実験と偽って情報を入手したと主張したのである．

カーチス，飛行機を製作する

AEAの本部はハモンズポートにあるカーチスの自宅に移り，1908年3月12日には1号機「レッド・ウィング」の初飛行を迎えた．上下の翼を湾曲させたレッド・ウィングはフライヤー号のように前方に昇降舵，後方にラダーを備えるが，たわみ翼のような機体を傾ける機能はなかった．凍結したキューカ湖面で97.3 mを記録した飛行は，アメリカで最初の公開飛行となっている．

ラダーで旋回するレッド・ウィングは当時のヨーロッパ機と同様に，操縦性という観点からは未成熟であり，機体の傾きを制御できず，片側の翼を湖面に打ちつけて着地した．AEAは横の操縦をするために翼端に補助翼を配した2号機を製作し，1908年5月23日には310 mの飛行に成功した．この補助翼（エルロン）が後にライト兄弟との最大の争点となる．

虎の尾を踏む

AEAの試験機で自信をつけたカーチスは，自らの設計で新型機「ジューン・バグ」(6月のコガネムシ)（写真11.1）を完成させ，1 kmの直線コースをアメリカで最初に公開飛行した者に与えられるサイエンティフィック・アメリカ杯への挑戦を表明した．同杯は，その名のとおり有名な科学雑誌「サイエンティフィック・アメリカ」が賞金2 500ドルを用意したものであり，ライト兄弟を賞賛するために同誌が定めたといわれている．ライト兄弟は1905年には39 kmも飛行していたので，同杯は当然兄弟のものになるはずであった．しかし，兄弟の秘密主義と，当時，陸軍と海外への売込み

写真 11.1 カーチスのジューン・バグ（1908 年）

に忙しいという事情から兄弟はこの賞を無視していたので，賞は誰の手にも渡っていなかった．

1908 年のアメリカ建国記念日である 7 月 4 日，ハモンズポート郊外のストーニー・ブルック・ファーム競馬場においてカーチスはジューン・バグを操縦し，人々の目前で 1 km を難なく飛行して見せた．彼の機体は，体に固定した枠に補助翼を操作するワイヤーを結びつけ，体の左右の移動によって機体を傾けるようになっていた．しかし，このときの飛行は単純な直線飛行であり，旋回にはまだ問題を抱えていたに違いない．

カーチスがサイエンティフィック・アメリカ杯を手にしたという知らせは，ライト兄弟を緊張させた．兄ウィルバーはフランス遠征中にこの知らせを受け，カーチスの機体が兄弟の特許を侵害していることを警告するように，弟のオーヴィルに指示した．この警告は直ちにカーチスに届いたが，カーチスは AEA の活動は純粋に実験であり，彼らの機体を営業化する意思のないことを兄弟に伝えた．ただし，この回答はいかにもその場しのぎであり，兄弟はますます警戒心を強めることになる．

アメリカ陸軍の評価試験

この頃，オーヴィルは陸軍の評価を受けるため，バージニア州のフォートマイヤーにおいてライト・フライヤーA型の採用審査飛行準備を進めていた．ウィルバーは前章で述べたようにフランスへ遠征していた．この審査には，AEAのメンバーでもある陸軍のセルフリッジ中尉は当然のこととして，あろうことかカーチスが姿を見せ，オーヴィルを脅えさせた．1908年9月3日から開始されたテスト飛行は順調に推移し，1時間2分3秒の大記録も樹立された．

動力飛行による最初の死亡事故はこのとき発生した．1908年9月17日，セルフリッジ中尉を補助席に搭乗させたオーヴィルは墜落し，中尉は死亡し，オーヴィルも負傷した．墜落の悲劇はあったものの，陸軍はその飛行能力に感嘆し，1909年にはA型改造機の採用を決定し，世界最初の空軍が生れることになった．この事件の後，活動の停滞したAEAを離れたカーチスは，1909年3月に発明家A・M・ヘリングとともにヘリング・カーチス社を設立している．ヘリングはシャヌートとグライダーの実験を行い，動力滑空飛行にも成功した男である．結果的に，同社はアメリカにおける最初の飛行機製造会社となった．

ライト兄弟，カーチスを訴える

1909年6月，ヘリング・カーチス社は「ゴールデン・フライヤー」(写真11.2) をニューヨーク飛行協会へ5 000ドルで納入した．ゴールデン・フライヤーは上下の主翼の中間に巨大な補助翼を配置し，軽快に旋回をこなせたという．商売用の飛行機はつくらないというカーチスの言葉は覆されたことになり，1909年8月，ライト兄弟はついにカーチスに対して訴訟を起こした．

1909年フランスのランスで初の航空ショーが開催された．ショーの目玉は，スピード競技会ゴードン・ベネット杯であった．ライ

写真 11.2　カーチス・ゴールデン・フライヤー（1909 年）

ト兄弟はこのレースを棄権したため，優勝候補は空気抵抗が少ない単葉機を操縦するルイ・ブレリオと見なされていた．カーチスは強力なエンジンを搭載し，アメリカ代表としてレースに臨んだ．10 km を 2 周する競技は，強風と観客のつくる熱気のため乱戦となり，15 分 50 秒（時速 74.8 km）のタイムを出したカーチスが 6 秒差でブレリオを破った．1909 年 8 月 28 日のことである．

ランス競技会にライト兄弟が欠場したとはいえ，カーチスの活躍には目覚しいものがあった．ライト兄弟の機体はグライダーの延長線上にあり，繊細なつくりであった．これに対し，カーチスの機体は荒けずりであったが，強力なエンジンでプロペラを直接駆動し，ライト兄弟の機体にはない力強さを備えていた．先駆者としてのライト兄弟の優位性は，ほとんどなくなっていたといえる．もはやカーチスも，ライト兄弟の訴訟に屈するわけにはいかない立場にあった．ライト兄弟も，1909年11月には兄ウィルバーが社長，弟オーヴィルが副社長となってライト社を設立した．特許裁判の費用はライト社が負担し，アメリカ航空界を揺るがす大論争の幕が開いた．

ライト兄弟の特許

1902年12月，シャヌートの薦めもあり，動力飛行の前ではあったがライト兄弟は特許出願を行った．最初の出願は，内容に不明瞭な点があり却下されるが，2度目の出願は1906年5月にアメリカ特許821393として認可された．こうした経緯からもわかるように，彼らの特許は1902年のグライダーの，主に操縦機構に関するものであった．

ライト兄弟の訴えは，カーチスの補助翼による旋回機構も兄弟の特許に抵触するというものであった．もちろんライト兄弟の訴えた相手はカーチスだけでなく，しかも海外にまで及んだため，兄弟は次第に裁判に多くの時間と労力を費やすようになっていった．またこの裁判で，シャヌートは被告側の証人になった．兄弟はこれまでアドバイスを得てきた恩人とも争ったのだ．

ライト兄弟の主張は行き過ぎであるというのが後世の大方の見方であるが，法廷の最初の審判はライト兄弟の申し立てを全面的に認めた．1910年1月のことである．ただし，その判定も6月には控訴審で覆され，直ちにライト兄弟は上告する．ライト兄弟の主張は技術者らしく論理的ではあったが，あまりにも執拗な攻撃は人々の反感を買う結果となった．また，こうした心理的な要因以外に，ライト兄弟の特許そのものの成立についての疑惑も生れた．

発明は，自然の力を利用した技術的アイデアであり，物理法則そのものは対象とならない．物理法則は，個人のアイデアで創造されたものでない以上，個人が独占すべきものではなく，万人が共有すべき性質のものである．ライト兄弟の特許はまさに，旋回するための物理法則ではないかと疑われた．兄弟は，エルロンと翼のねじりが同じものであることを説明するために，旋回に必要な力学的要素を明快に解説した．皮肉にもこうした説明は，彼らの特許が物理法則そのものではないかとの疑惑を与えた．状況をかえって複雑にしたようである．

こうした人々の思いは，後にフォード（Henry Ford：1863–1947）がカーチスを荷担する背景となっている．自動車業界では，ジョージ・セルデンという発明家が 1879 年に出願した自動車の特許を盾に，すべての自動車会社に特許権使用料を要求していた．フォードは法廷においてセルデンと争い，1911 年には勝利を収めた．フォードの目には，ライト兄弟がセルデンのように映ったのであろうか．

兄ウィルバーが倒れ，特許抗争が再燃する

裁判は長びくことになったが，1914 年 1 月の最終的な控訴裁判所の判決はライト兄弟の全面的な勝利を認めた．ただし，その代償はあまりに大きなものであった．裁判の最中，1912 年 5 月 30 日，兄ウィルバーは腸チフスにより生涯を閉じた．特許抗争での心労が死因になったとも指摘されている．享年 45 歳であった．弟オーヴィルは兄の後を継ぎライト社の社長となるが，次第に人目を避けるようになったという．

1914 年に下された裁定は，カーチスとオーヴィル・ライトの新たな抗争の始まりを意味した．すでに述べたように，フォードはライト兄弟の特許がアメリカ飛行機業界の発達の妨げになると判断したらしく，カーチスに自らの弁理士 W・B・クリスプを紹介した．フォードはカーチスに裁判を再開させることをアドバイスしたのである．カーチスは 1911 年にはヘリングと別れ，自らのカーチス・モーター社を設立していた．ライト兄弟に膨大な特許使用料を支払わねばならず苦しい立場にあったので，このアドバイスを受け入れた．ただし，裁定はすでに下りているのであるから，ライト側から新たな訴訟が起きなければ意味がない．そこで，カーチス側では，左右連動して動くのではなく，左右が独立して作動するエルロンを装着することにした．ライト側がこの罠にはまったのはいうまでもない．

ラングレー教授の飛行実験

再開されたカーチスとライトの抗争に，新たな争点が持ち込まれた．ライト兄弟が初飛行をする前に，飛行可能な飛行機が存在したことをカーチス側が証明しようとしたのである．ライト兄弟の初飛行は 1903 年 12 月 17 日であるが，その数か月前の 10 月 7 日と，わずか 9 日前の 12 月 8 日，サミュエル・ラングレーの設計になるエアロドロームと名づけられた動力機が，ワシントンのポトマック川で初飛行を目指した．2 回とも川の中に墜落して破損しているが，カーチス側は，エアロドロームを復元して，この機体が十分に飛行可能であったことを実証する作戦に出た．ライト兄弟が最初の動力飛行機の発明者でないことを主張しようとの目論見であった．

サミュエル・ピアポント・ラングレー(Samuel Pierpont Langley：1834–1906）は，当時アメリカにおける屈指の科学者であった．マサチューセッツ生れのラングレーは大学へは進学しなかったが，独学で天文学を学び，アレゲーニ天文台長とウェスタン大学（現在のピッツバーグ大学）の物理学および天文学教授を兼任していた．1887 年にはワシントンのスミソニアン協会の職を得て，1891 年には理事長に就任している．

ラングレーは空気力学の研究をウェスタン大学時代から開始していた．リリエンタールの回転式空気力計測装置を大がかりにしたものを製作し，スミソニアンに移る頃から詳細な実験を行った．こうした過程で，軽量のエンジンを使えば動力飛行が可能であると信ずるようになっていった．1891 年からは，蒸気機関を動力とする模型飛行機の製作，実験にとりかかった．ラングレーはエンジンこそが飛行のすべてであると確信していたようであり，グライダーでの有人飛行実験を無視していた．そのため，ほとんどは失敗に終っているが，1896 年に製作した翼幅 4 m に及ぶ大型模型は，大きな上反角により安定な飛行が可能で，1 分 45 秒の飛行に成功した．このときの発進はポトマック川のハウスボートの屋根に取り付けられたカタパルトから行われた．

エアロドロームの有人飛行

エアロドロームと命名された模型飛行機の成功は軍部に注目されることになった．1898 年スペインとの米西戦争が勃発し，軍部は有人機の軍事的利用に興味をもち，ラングレーに資金的援助を行った．ラングレーの名声と軍からの資金，およびスミソニアン協会の後ろ盾は，自力で開発を行っていたライト兄弟の立場とはまったく異なるものであった．

1903 年にはついに人が操縦できる機体が完成した．鋼鉄の骨組みの前後に二つの翼を配置し，前翼の直後に二つのプロペラをおいた．機体の尾部には操縦を行う十字形の尾翼をもっていた．この機体の最も印象的な点は，星型 5 気筒の回転ガソリン・エンジンである．ラングレーの助手であり，操縦者にも指名されたチャールズ・マンリーが製作したこのエンジンは 52 馬力を出したという．当時の技術レベルをはるかに超えた軽量エンジンは，ラングレー教授の要求を十分満足させることができた．

発進は 1896 年の模型実験と同様，ハウスボート上のカタパルトから行われた（写真 11.3）．10 月 7 日に 1 回目，12 月 8 日に 2 回目の飛行が試みられたが，2 回とも発進直後にポトマック川に墜落した．ラングレー教授の実験の様子は新聞でも大々的に報道され，同じ 1903 年に飛行実験を準備していたライト兄弟には大きなプレ

写真 11.3　1903 年，エアロドロームの飛行（資料：NASA）

写真 11.4　エアロドロームの墜落（資料：NASA）

ッシャーとなっていた．第 8 章で見たとおりである．

2 回目の飛行を写真（写真 11.4）で見ると，後部の翼がねじれて壊れていることがわかる．これは，明らかにダイバージェンスと呼ばれる現象である．揚力の圧力中心が翼断面のねじりの中心より前方にあると，迎え角がついた場合，揚力は翼をよりねじり，さらに揚力が大きくなる．翼の剛性が不足すると，たちまち翼はねじり切れてしまう．翼の剛性不足の問題もあろうが，こうしたメカニズムそのものが当時は理解されていなかったに違いない．この失敗を，ニューヨーク・タイムズは「飛行機の完成は100万年から1 000万年先のこと」と評した．この無責任な予測は，9日後のライト兄弟の初飛行によって覆されるのであるが，ライト兄弟の飛行機がアメリカでなかなか受け入れられなかった伏線ともなった．「税金10万ドルを無駄にした」と非難されたラングレー教授は飛行機の研究を一切停止し，1906年に世を去っている．

エアロドロームの復元計画と裁判の結末

話を再びカーチスとライトの裁判に戻したい．カーチス側は，スミソニアンに保管されていたエアロドロームを復元し，発進方式さえ改善されれば，飛行が可能であったことを証明しようとした．1914年5月28日，復元を終えたエアロドロームをカーチスは操縦した．カーチスが得意とするフロート付きの水上機としてキューカ湖を滑走し，見事に飛行した．カーチス側は，この飛行によってライト兄弟を動力付き飛行機の発明者から引きずり下ろし，彼らの裁判を有利に進めようともくろんだ．スミソニアン協会にとっても，ラングレー教授の名誉回復のみならず，協会が世界初の動力付き飛行機を開発したことを主張する好機となった．

ライト側は，カーチスとスミソニアン両者を相手に争うことになった．オーヴィル・ライトは新旧エアロドロームの写真を見比べ，35か所の違いを指摘し，両者がまったく別な飛行機であることを主張した．特に，エアロドロームのダイバージェンスによる空中分解を改良するために，復元機は翼の桁を76 cmも前方に移動しており，明らかに1914年の技術が適用されていると，この実験の欺瞞点をあばいた．

カーチス側はこの実験を執拗に続けるが，結果的には裁判の行方には大きな影響を与えなかったようである．オーヴィルは1915年10月にライト社を売り払うが，ライト社自体は訴訟を継続した．

しかし，アメリカが第一次世界大戦に参戦することになり，1917年7月に，政府は飛行機メーカーを一堂に集め，特許問題を非常事態のため早急に解決するよう要請した．その結果，お互いの特許を認め合う（クロスライセンス）こととなり，ライト社とカーチス社の争いも，ライト兄弟の特許が無効となる1923年を待たずに終結を見た．

カーチス・ライト社の誕生

兄ウィルバーが亡くなった後，オーヴィルがライト社を手放したように，カーチスも航空界から身を引いた．両社は皮肉にも1929年にカーチス・ライト社として合併されている．

正確にいうと，カーチス・ライト社のライト社は兄弟が創立した会社ではない．1915年に，オーヴィルはライト社の権利を東部の資産家に売却していた．その後，ライト社はマーチン社と合併しているが，1917年には閉鎖された．しかしこの頃，デートンの有志が集まり，デートン・ライト飛行機製造会社を設立し，ライトの名前は残ることになった．オーヴィルは技術相談役となっているが，名目的な役職であったという．デートン・ライト社の創立者たちはもともと自動車製造業者であり，飛行機用エンジンの開発には貢献したが，機体はイギリスのデハビランドの機体を製造しただけであった．1927年に大西洋を単独無着陸飛行したリンドバーグのスピリット・オブ・セントルイスのエンジンもライト社製であった．1929年にカーチス・ライト社として統合されたライト社は，ライト兄弟とは直接関係がなかったのである．

ライト兄弟やカーチスらパイオニアたちの思惑とは関係なく，飛行機はすさまじい勢いで発展を続け，パイオニアたちの手の届かぬものになっていく．宿敵同士の名前を併せ持つカーチス・ライト社はその象徴でもあった．

第 2 部

ライト・フライヤー号の初飛行の後，飛行機は科学と技術を両輪として目覚しい発展を遂げる．フライヤー号に固執したライト兄弟の栄華は 1908 年のフランスやアメリカでの公開飛行のときであり，その後の人生は特許への執着と技術的限界によって決して華やかなものではなかった．第 2 部では，ライト兄弟以後の航空工学における発展の一端を振り返ることによって，今日的な観点からフライヤー号の技術的特徴と限界を浮彫りにしようと思う．

第 12 章　揚力はなぜ発生するか
翼理論の誕生

ライト兄弟がグライダーを飛行させ，揚力の不足に苦しんだことからわかるように，当時の空気力学は未熟であった．揚力がどうして発生するかという基本的な原理もわかっていなかった．第 5 章で説明したように，オイラーによってつくられた空気力学は空気の粘性を無視していたため，抵抗や揚力を説明することはできず，空気力学の理論は壁に突き当たっていた．流線形物体には空気抵抗は作用しないとするダランベールのパラドックスが，当時の困惑をよく表している．

19 世紀に入ると，キルヒホッフ（Gustav Robert Kirchhoff：1824-1887）やレイリー（Lord Rayleigh：1842-1919）らがダランベールのパラドックスから逃れるための理論を展開した．彼らは，傾きをもつ平板の背後では流れは完全に「はがれて」無風領域が出現すると仮定した．確かに，こうした仮定によって揚力や抵抗は計算できるが，とても実際の流れを説明できるレベルには到達できなかった．こうした時期，リリエンタールの華麗な飛行が，ライト兄弟をはじめとする技術者を飛行機の開発に向かわせたように，多くの科学者の関心を空気力学に引き付けた．

クッタとジュコーフスキーの理論

翼が揚力を発生する理論を最初に明らかにしたのはドイツの学者ウィルヘルム・クッタ（Wilhelm Kutta：1867-1944）であり，後に，ロシアの学者ニコライ・ジュコーフスキー（Nikolai Joukowski：1847-1921）によりクッタ・ジュコーフスキーの理論としてまとめあげられた．

クッタ・ジュコーフスキーの理論の最も重要な点は，流れの中に

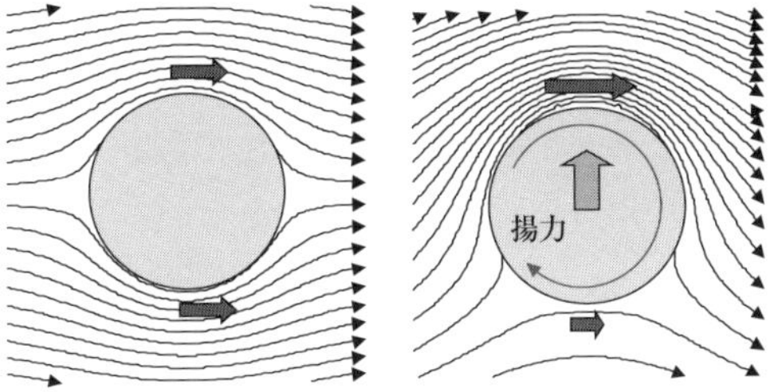

(a) 回転のない円筒　　　　(b) 回転する円筒

図 12.1　回転円筒によって発生する揚力

渦を考えたことである．渦が揚力を発生する原理を説明するために，流れの中におかれた円筒を考える．円筒には揚力は発生しないが，回転を始めると揚力が発生する．上部では回転速度の影響で流れは増速され，下部では逆に減速される（図 12.1）．この速度の差が揚力を生み出す要因となる．第 5 章で示したベルヌーイの定理によって，円筒の上部では増速のため空気の圧力が下がり，少し真空に近くなる．逆に下部では圧力は高くなり，上下の圧力差によって揚力が発生すると説明できる．回転する円筒は理論的には渦で表現でき，この渦が揚力を生み出す源となる．

クッタは純粋な数学者であったが，リリエンタールの飛行に触発され揚力の研究を行った．特に，リリエンタールの円弧翼が迎え角 0 の状態でも揚力をもつことに興味をもち，円弧翼に沿って空気が流れる様子から揚力が計算できることを明らかにした．1902 年にその結果を論文として発表している．ライト兄弟がグライダーで飛行していた年である．クッタの導いた揚力の大きさは，リリエンタールの実験値の 2 倍以上になったが，これはクッタがアスペクト比の無限大の翼（二次元翼）を考えたためであり，彼の理論に根本的な誤りがあったわけではない．

モスクワ大学の教授であったジュコーフスキーは，リリエンタールとより強いかかわりをもっていた．1895年にリリエンタールに直接会い，グライダーを購入しているほどである．彼は，クッタとは独立して，翼が揚力を発生することを数学的に示そうと試みた．そして1906年に，揚力 L は一様流の速度 V と渦の強さ Γ の積に比例する，という有名な式

$$L=\rho V\Gamma$$

を初めて示した．ここで，ρ は空気密度である．

クッタの論文には渦に関する記述はなかったが，クッタも1910年には，彼の1902年の理論がジュコーフスキーの関係式と同じであることを示した．今日，渦と揚力に関する式は二人の功績をたたえて，クッタ・ジュコーフスキーの定理と呼ばれている．

翼の後縁が揚力に関係する

クッタ・ジュコーフスキーの定理によると，翼が渦をつくる仕組みは，翼の鋭い後縁に関係していることになる．翼が，粘性のない流れに対して角度（迎え角）をもっておかれた場合，流れが図12.2の左図のように後縁をまわりこみ，揚力は発生しない．ところが，実際には右図のように後縁からスムーズに流れ去る．流れが後縁から去るためには，翼に渦が存在し，流れ場を右図のように変えねばならない．

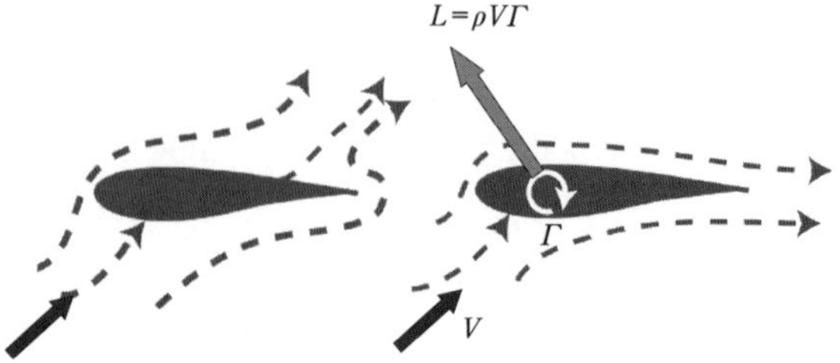

図12.2　翼がつくる渦の効果

もちろん，翼が回転するわけではなく，翼の内部に回転する部分があるわけでもない．後で示されるように，翼表面で渦が生成される．こうした物理的な解釈は，後年，境界層理論が生まれ，明らかになる．ともかく，数学的には鋭い後縁をもつ翼には渦が発生し，揚力が発生することになる．迎え角が大きくなると，流れを後縁からスムーズに流すために必要となる渦も強くなり，大きな揚力が発生すると説明できる．

クッタはドイツで数学の教授となるが，ジュコーフスキーはモスクワに空気力学研究所を設立し，ロシアの航空工学の発展に大きな貢献をする．ジュコーフスキーによって数学的に設計された翼型は，実際の飛行機にも採用された．

クッタにせよジュコーフスキーにせよ，渦は数学的な手段として導入された．渦といえば，台風や竜巻が思い起こされるが，それをつくるには巨大なエネルギーが必要である．翼が本当に渦をつくっているのであろうか．

渦理論の生みの親，ヘルムホルツ

アルミニウムの細かい粒子を浮かべた水面で翼型を急に動かすと，図 12.3 のような渦が後縁から放出されるのが観察できる．まわりの水が回転しないところを見ると，反対向きの同じ大きさの渦が翼にできているはずである．流体中の渦の理論は，クッタやジュコーフスキー以前にドイツのヘルマン・フォン・ヘルムホルツ

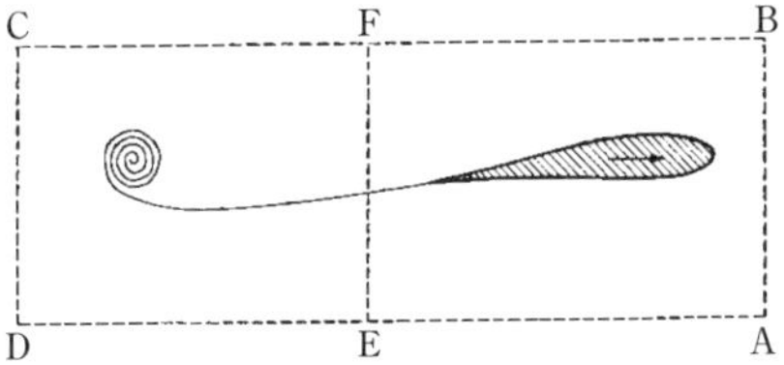

図 12.3 動き出した翼から放出される渦

(Hermann von Helmholtz：1821–1894）によって導かれている．

ヘルムホルツは，父親の影響で医学の道に進み，医学部教授になるが，物理学への興味が捨てられず，父親の死後，物理学のさまざまな分野で際立った業績をあげ，50 歳になってベルリン大学の物理学教授となった．特に渦の研究は，クッタやジュコーフスキーの翼理論に引き継がれ，その後の空気力学に大きな影響を与えた．

ヘルムホルツが調べた渦糸は，渦が竜巻のように糸状になったものである（図 12.4）．渦糸は空中で端をもてず，輪になるか壁にくっつかねばならないことを示した．また，速度の不連続な領域に渦層（渦糸が並んだもの）を導入すれば，実際の気体で観測される速度の不連続も粘性のない理論で表現できることを示した（図 12.5）．クッタやジュコーフスキーが，翼が渦をつくると考えたのも，ヘルムホルツの考えた速度不連続と関係している．物体表面では，摩擦のため流速が 0 になるので，外部の流れと速度に大きな変化が発生する．翼表面に渦層を分布させれば，この速度不連続を表

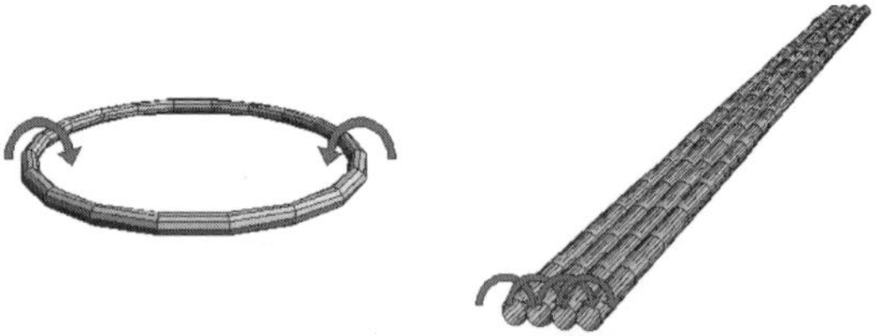

図 12.4　渦糸と渦層

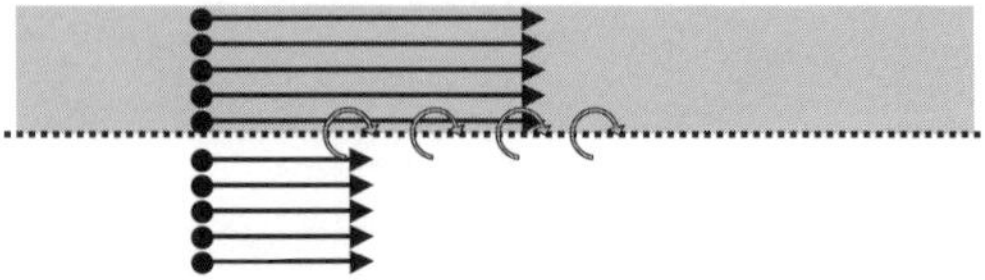

図 12.5　速度の不連続な領域には渦層が存在する

現できる．この渦層こそ翼がつくる渦であり，図 12.3 のように翼後縁から放出される渦とバランスすると考えられる．

ヘルムホルツは，1888 年以降は国立物理工学研究所長を務めるなどドイツを代表する科学者であった．当時ドイツでは，エンジンを用いた，空気よりも重い飛行機は成立しないという公式の見解が出ており，その審議の中心になっていたのがヘルムホルツであったという点は皮肉である．この見解がリリエンタールの空気力学やグライダーの研究に暗い影を投げかけたことは，第 2 章で述べたとおりである．偉大な学者であったヘルムホルツですら，飛行機の出現を予測できなかったのであろう．

ランチェスターの渦理論

翼が渦をつくっているもう一つの根拠は，翼端から発生する渦の存在である．風洞の中で煙を流せば簡単に観測できるが，翼の端からは強い渦が放出されている．ジャンボジェット（写真 12.1）のような大型機の後ろで小さな飛行機の操縦が乱されるのは，この渦が原因である．事実，この渦が原因で小型機が墜落したことがあ

写真 12.1　翼端から放出される渦（資料：NASA）

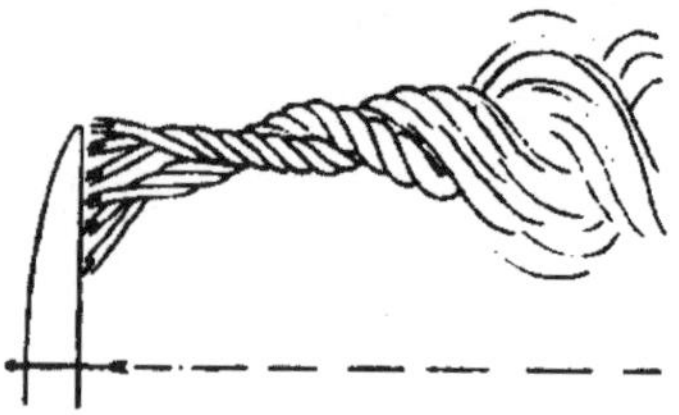

図 12.6　ランチェスターの観察した翼端渦

る．ヘルムホルツの定理によって渦は空中ではつながっていなくてはならないから，翼にも渦ができていることになる．

実は，クッタやジュコーフスキーとは別に，翼端渦から翼理論に取り組んでいた技術者がイギリスにいた．自動車製造会社を設立した技術者フレデリック・W・ランチェスター(Frederick W. Lanchester：1868–1946）である．彼は 1890 年代にキャンバー（反り）のある翼の有効性を考察するとともに，図 12.6 のように，翼端から放出される翼端渦の存在を発見している．1894 年，彼は翼の理論を論文にまとめた．この論文は，イギリスの物理学会によって不採用とされ，1907 年になって自説が出版されるまで公にならなかった．ランチェスターの翼理論は概念的で，クッタやジュコーフスキーの渦理論のように数学的な厳密さに欠けていたため，保守的なイギリスの学会に受け入れられなかったと考えられる．

アスペクト比の効果

ランチェスターは，翼のアスペクト比の効果を論理的に把握できた最初の人と考えられている．翼端から放出される渦は，まわりの空気を巻き込む作用があり，翼の後流には「吹き降ろし」と呼ばれる下向きの流れができる（図 12.7）．こうした空気を動かすエネルギーは翼の損失となる．このエネルギーは推進力を得るエンジンによって供給され，これが渦をつくるエネルギーとなる．エンジンのないグライダーでは，重力で降下することによってエネルギーを得ている．同じ面積の翼であれば，翼を細長くし，翼端渦を遠く離したほうがエネルギーの損失が小さく，翼としての効率がよくなる．つまり，アスペクト比を大きくすれば，翼の抵抗が減少し，揚抗比が向上する．

アスペクト比の効果は，ラングレーやライト兄弟によっても実験的に把握されていた．また，イギリスでもその効果は知られていた．最初の風洞実験を行ったウェンハムはその一人であり，同じくイギリスで翼型（図 6.7 参照）を研究したフィリップスは，無数の細長い翼を縦に並べた奇妙な無人機（図 12.8）を試作している．この機体は「板すだれ」とあだ名され，1893 年の無人飛行試験では 90 cm ほど浮き上がったとされている．ただし，支柱のつくる空気抵抗のことを考えると，とても実用的とは言い難い．

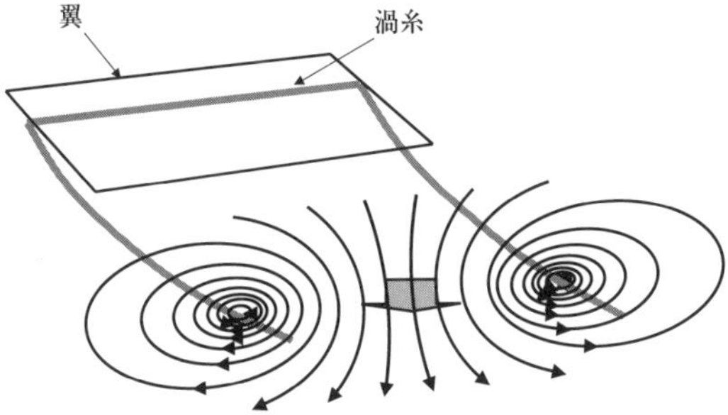

図 12.7　翼端渦のモデル化と吹き降ろし

図 12.8　フィリップスの多葉翼機

ランチェスターとプラントルの出会い

クッタとジュコーフスキーの理論は二次元翼，つまり無限幅の翼を考えていた．もちろん飛行機の翼には幅があり，ランチェスターの考察のように翼幅は重要な要素となる．端をもつ飛行機の翼の特性を計算するには，ルドヴィヒ・プラントル（Ludwig Prandtl：1874–1953）の出現を待たねばならなかった．

大学教授であった父親の影響を受け物理学に興味をもっていたプラントルは，ミュンヘン工科大学で1900年に博士号を取得している．大学での専門は固体力学で，空気力学には興味がなかったという．1901年にはハノーバー大学の教授となり，境界層（次の章のテーマである）の研究を開始し，1904年にはゲッチンゲン大学の教授となった．ゲッチンゲンにおいて，プラントルは空気力学の広範な分野で多大の功績を残す．彼こそ「近代空気力学の父」というべき存在である．

プラントルが揚力線理論と呼ばれる翼理論を完成させるきっかけは，当時プラントルの学生であったフォン・カルマンによれば，1908年にイギリスのランチェスターがゲッチンゲンにプラントルを訪問したことにあった．お互いに相手の言葉がわからない二人であったが，ランチェスターは彼の考える翼理論を披露し，プラントルはそこから多くのことを学んだという．「近代空気力学の父」であるプラントルは，その直後に揚力線理論の構想をまとめあげた．カルマンによれば，「プラントルはランチェスターからそのアイデアを得たことに関して十分な配慮を払っていないという人もいた」ということである．

プラントルの揚力線理論

1911年に発表されたプラントルの揚力線理論は，翼に1本の渦糸（束縛渦）が通り，翼端からはランチェスター流の翼端渦（自由渦）が続いて下流に伸びるというものであった（図12.7）．このモデルとクッタ・ジュコーフスキーの理論によって，幅のある飛行機の翼の揚力が計算可能となった．プラントルらはこの理論をさらに発展させることによって，翼端渦に起因する「吹き降ろし」がつくる空気抵抗（誘導抵抗）の計算法をも確立した．この時点で，アスペクト比の効果が初めて理論的に解明された．ライト兄弟が膨大な風洞実験から経験的につかんでいたことであった．プラントルの揚力線理論は，飛行機の形を変えるほどの影響を与えた．

グライダーのように細長い翼は，翼端渦によるエネルギーのロスを小さくできる．つまり，同じ揚力をつくる場合，空気抵抗を小さくでき，機体の沈下角度も小さくできる．図2.12で見たように，揚力と抵抗の比（揚抗比）は沈下角と直接関係している．揚抗比が30のグライダーは，30 m進んで1 m降下する．図12.9に3種類の機体の沈下角を比較する．アスペクト比の大きなグライダーは揚抗比が大きく，沈下角も小さい．フライヤー号のアスペクト比は

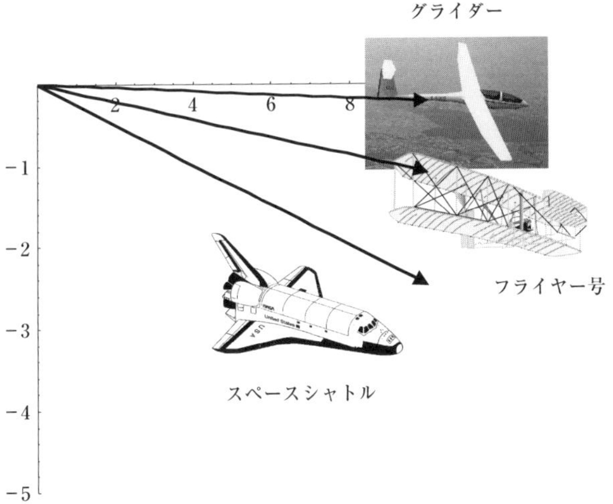

図12.9　3種類の機体の沈下角

6.37であり，沈下角も大きくなる．図中で最も沈下角が大きいのはスペースシャトルである．スペースシャトルを滑空機とするのは不自然と思われるかもしれないが，帰還時にはエンジンを使用しない滑空機として着陸する．ただし，アスペクト比の小さいデルタ翼をもつ宇宙船は，滑空機としての性能は最悪である．

アスペクト比の選択

ライト兄弟は風洞実験によって，1902年のグライダーのアスペクト比を決めた．1900年，1901年のグライダーは，いずれもアスペクト比が3程度であった．第6章で見たように，風洞実験の結果が反映され，1902年のグライダーではアスペクト比が6と大きくなった．実験では，アスペクト比を1から10まで変化させたデータを得ている．

空気力学的には，アスペクト比は大きければ大きいほどよい．しかし，競技用グライダーほどの大きなアスペクト比をもつ飛行機はごくまれである．例えば，大型ジェット旅客機のアスペクト比は7程度である．翼は胴体に固定されているから，細長くすると，胴体との固定部で空気力による大きな曲げモーメントが発生する．壊れないようにつくろうとすると，頑丈に翼をつくらねばならないので，機体が重くなる．設計者は，空気抵抗以外にも，さまざまな要素のバランスをとらなくてはいけない．

フライヤー号のアスペクト比も6程度であるが，曲げモーメントのことを考慮してこの値を決めたかどうかは不明である．ライト兄弟の風洞模型は実寸の1/20の鉄板でつくられていた．鉄板では曲がることもないからである．また，プラントルの理論では扱うことができない，失速という現象もある．失速の影響は次の章で考えたい．

楕円翼とテーパー翼

アスペクト比が同じであっても，翼の形により空気力学的な特性が変化する．プラントルのグループは，揚力線理論を詳細に吟味することによって，空気抵抗が最小になる翼の平面形を数学的に求めることに成功する．厳密には，この抵抗は翼端渦によるエネルギーのロスに起因する抵抗（誘導抵抗と呼ばれる）である．結論は，同じ揚力を発生する場合，翼の平面形を楕円にすると誘導抵抗は最小になるということである．

第一次世界大戦中，ドイツはプラントルの研究成果を極秘扱いにするが，戦後になって各国に公表した．実際に，翼の平面形を楕円にした飛行機も出現する．1936 年に初飛行するイギリスの戦闘機スピットファイアはその代表であろう．図 12.10 でわかるように，スピットファイアの主翼と尾翼はすべて曲線で構成されている．空気抵抗を最小にしたいとする設計者レジナルド・ミッチェル（Reginald J. Mitchell：1895–1937）の意気込みが伝わってくる．

もっとも，スピットファイアのような凝った設計をしなくても，翼の端を直線的に細くするテーパー翼にしても，同じような効果が得られる．スピットファイアも Mk V（1941 年）になると翼端を直線的に切り落とし，操縦性を向上させている．スピットファイアの好敵手であったドイツのメッサーシュミット Bf 109（写真 12.2, 1935 年）は，直線的なテーパー翼をもつ．

設計者のウィリー・メッサーシュミット（Willy Messershmitt：1898–1978）は経営のセンスにも長け，生産性に優れたメッサーシュミット Bf 109 は 30 500 機もつくられた．飛行機の形には，設計

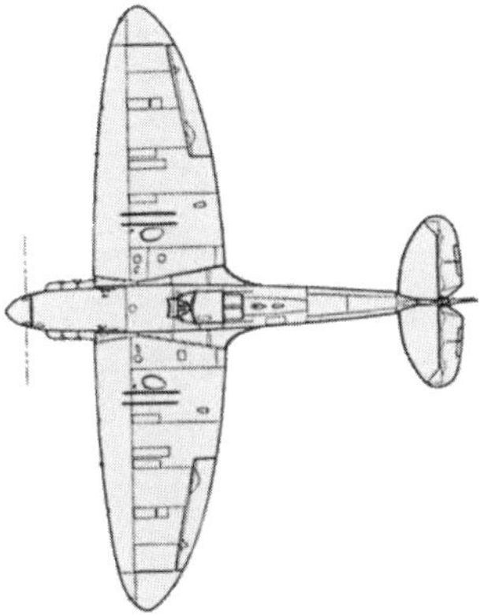

図 12.10　楕円翼をもつスピットファイア（1936 年）

写真 12.2　テーパー翼をもつメッサーシュミット Bf 109（1935 年）

者の個性が表れていて興味深い．

ライト兄弟は，リリエンタールのような円弧を組み合わせた木の葉形の翼も風洞実験し，フライヤー号の水平舵に用いた．ただし，主翼は長方形の矩形翼であった．製作の容易さと，ねじったときの効果を考慮した結果と思われる．

なお，初期の機体には端が大きくなる逆テーパー翼も採用された例がある．その理由は失速特性にあり，次章の課題にしたい．

ランチェスターの功績

自らの翼理論がイギリスで正当に評価されなかったランチェスターは，航空から身を引き，1946 年に 77 歳で亡くなるまで，本業である自動車製造に専念したという．第一次世界大戦後にプラントルの理論が広く知れ渡るようになって初めて，イギリス人は自国にランチェスターがいたことを認識した．ちなみにプラントルの揚力線理論は，イギリスでは「ランチェスター・プラントルの翼理論」と呼ばれているという．プラントル自身，1927 年のイギリスでのウィルバー・ライト記念講演で，「イギリスでランチェスター・プラントルの翼理論と呼ばれていることはまったく正しい」と明言している．

高速飛行と低速飛行の両立

ところで，揚力は自重を支えるために必要であるが，その大きさは，速度の2乗と揚力係数の積に比例する．同じ重量を支えるためには，高速では揚力係数は小さくてすむが，低速では大きな揚力係数が必要になる．失速寸前の大きな揚力係数が要求されるのは，速度の最も低いときである．実は，飛行速度が上がってくると，揚力係数はもちろんのこと，翼すら小さくてすむ．しかし，飛行機はいつも高速で飛行するわけではない．離陸や着陸に際しては速度を下げなくてはならない．

鳥はこうした問題を巧妙に解決している．獲物を見つけ，高速でダイブする際には翼を小さくたたみ，翼面積を小さくする．そして，ゆっくり滑空するときや離着陸のときには，思い切り大きく翼を広げ，翼面積を大きくしている．鳥のような工夫のない飛行機では奇妙な記録が残っている．初期の飛行機の歴史において，最高速度記録は水上機によってつくられているのである．見るからに空気抵抗の大きそうなフロートを抱えたままの飛行で，水上機は陸上機よりも高速で飛べた．

水上機の活躍

1913年から1931年まで国際スピードレースのシュナイダー・トロフィー・コンテストが水上機で競われたのは，高速機の離着陸速度の高さと関係している．最初の水上機は1910年にフランスのアンリ・ファーブルが飛行させているが，実用的な水上機は翌年，アメリカのカーチスによってつくられた．シュナイダー・トロフィー・コンテストの最後の優勝機スーパーマリンS.6B（写真12.3）を見るまでもなく，水上機は空気抵抗の大きい巨大なフロートをもつので，本来高速飛行には不利である．ところが，高速飛行を考慮して設計された機体は，翼面積が小さくなってしまい，その結果，離着陸速度が高くなる．水上機は，滑走路長とタイヤの耐久性を気

写真 12.3　スーパーマリン S.6B（1931 年）

にしなくてよいという理由から有利であった．

スーパーマリン S.6B は 1931 年のレースの後，3 km の基線で時速 655 km の最高速度記録を樹立した．当時の陸上機の速度記録がイスパノ V8 エンジンを搭載する単翼機ベルナール・フェルボアの時速 413 km（1924 年）であったから，水上機の優位性は明らかであった．

スーパーマリン S シリーズは，スピットファイアの設計者ミチェルの手になる機体である．スーパーマリン自体は楕円翼を採用していないが，スピットファイアに多くの影響を与えた．ミッチェルはスピットファイアの原型機が初飛行した翌年の 1937 年に，自機の活躍を見ることなく，42 歳の若さで亡くなっている．

高揚力装置

高速機を低速で飛行させるためには，揚力係数を大きくすることが必要であり，そのために貢献しているのがスロットやフラップなどの高揚力装置である（図 12.11）．翼の前縁に隙間をあけて勢いのある空気を上面に流すスロットは，第一次世界大戦のドイツのパイロット G・V・ラハマン（Lachmann）とイギリスのハンドレ・

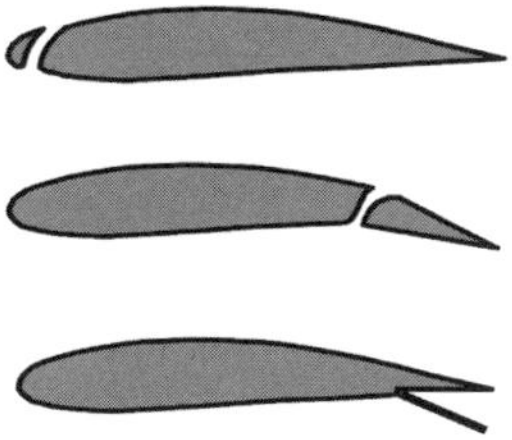

図 12.11　高揚力装置（資料 2-15 より作成）

ペイジ（Handley Page）によって独自に発明された．ラハマンは操縦中に失速によって事故にあい，入院中にそのアイデアを思いつき，1919 年に特許を取得した．ハンドレ・ペイジはラハマンと同時期にスロットを考案し，1920 年にはフラップとの組合せ（スロッテド・フラップ）によって特許を取得している．ラハマンは 1929 年にはハンドレ・ペイジの会社に加わり，一緒に仕事をしたそうである．

実はオーヴィル・ライトも，1920 年にスプリット・フラップという高揚力装置を発明している．1912 年ウィルバーが亡くなった後，1915 年にはオーヴィルは会社の権利を売却し，飛行機事業から身を引いた．しかし，その後も自宅の研究室で飛行機の実験を続け，スプリット・フラップはそのときの発明である．スプリット・フラップは翼の後端下部が垂れ下がるもので，揚力以上に抵抗が増えるので，降下時に沈下率を高めるために有効であった．第二次世界大戦中にアメリカの急降下爆撃機に利用されたという．

陸上機の高速化

フラップを得た陸上機は，最高速度を次第に上げていった．水上機の最高速度を陸上機が破ったのは，ハインケル He 100（時速 747 km，1939 年 3 月 30 日），メッサーシュミット Me 209（時速 775 km，1939 年 4 月 26 日）の両ドイツ機であった．

1903 年 12 月 17 日のフライヤー号の飛行速度は時速約 50 km で

あったから，36 年後には最高速度が 15 倍に増加したことになる．最高速度は，次第に音の速度（時速 1 200 km）に近づいていった．飛行速度が音速を超える際に，飛行機は再び大きな技術的壁に直面する．それは，ライト兄弟が想像だにしなかったことである．

第 13 章　フライヤー号の翼はなぜ薄いか

境界層理論の誕生

第 6 章で見たように，ライト兄弟は膨大な風洞実験によって最適な翼を決めた．これは一種の模型実験であり，厳密には模型と実物の違いを相似則によって合わせておかなくてはならなかった．相似則とは，実物が模型の 10 倍であれば，力も同じ比率で表現できることである．空気力学の相似則のうち，彼らの実験で重要であったのはレイノルズ数を合わせることであった．ライト兄弟の時代には，そのことはほとんど知られていなかったから，ライト兄弟を責めることはできない．それどころか，第一次世界大戦中の飛行機にしても，レイノルズ数の重要性がわかっていたのはドイツの機体だけと思われる．

科学と技術の間には常にギャップが存在する．ドイツでレイノルズ数の重要性が認識されていたのは，プラントルらの研究があったためである．レイノルズ数を合わせるとは，空気の粘性，つまりネバネバとかサラサラとかの性質を合わせることである．初期の風洞実験ではレイノルズ数が実際の飛行状態よりも低かったため，相似則が満たされていなかった．その影響は，フライヤー号をはじめとする初期の飛行機の特異な形にも現れていた．

レイノルズ数

レイノルズ数という名称は，流体の粘性に関して研究を行ったオズボーン・レイノルズ（Osborne Reynolds：1842–1912）の名前に由来している．1883 年に現在のマンチェスター大学の教授であったレイノルズは，管の中の流れに関して実験を行い，粘性流に対する相似則を初めて明らかにした．

レイノルズは，水槽の水をガラス管の中に導き，管内の流れを観

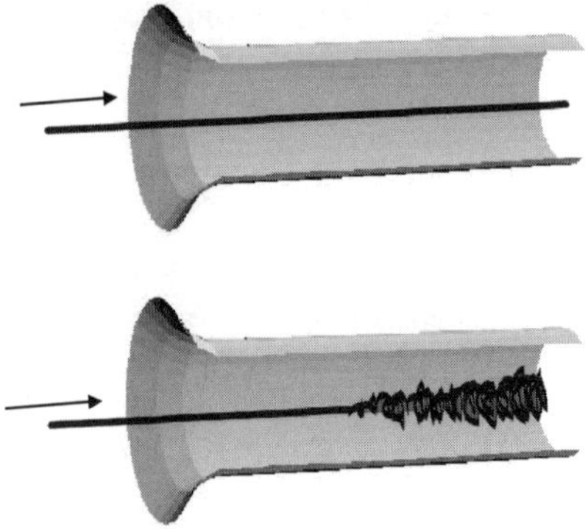

図 13.1　レイノルズの実験

測するために染料を流し込んだ（図 13.1）．管の流れが遅い場合は，染料は細い 1 本の糸となり流れるが，速度が少しずつ増すと，ある速度から流れの様子が急変する．まっすぐに流れていた染料が管の途中で不規則に広がるのである．こうした現象自体はドイツのハーゲン（Hagen）によって 1854 年に報告されていたが，レイノルズはどのようなパラメータが流れの様子を劇的に変えるのかを，綿密な実験から解き明かした．

レイノルズの観察によれば，そのパラメータは流速 V と管の直径 L を掛けたものを流体の動粘性係数 ν（空気は 0.15 $\mathrm{cm^2/s}$）で割ったものであった．以下のように定義される無次元数をレイノルズ数と呼ぶ．

$$Re=\frac{VL}{\nu}$$

同じ流体でも，管の大きさや流れの速度がいろいろ変化しうるが，どのような場合でも，レイノルズ数がある値になると管内の流れのようすが変化した．レイノルズ数が流体の粘性の影響を同じにする相似則であることが突き止められたのである．レイノルズ数が小さくなると，粘性が大きくなることを意味する．

ライト兄弟の風洞実験を考えてみよう．模型実験であるから大きさが異なる．翼のコード長を管の直径の代わりに長さの代表値にする．模型が 1/20 であれば，流速を 20 倍にしないとレイノルズ数を合わせることができない．ライト兄弟の風洞では，実際の飛行速度である 13 m/s 程度の流速であったから，模型実験は 1 桁から 2 桁小さなレイノルズ数で計測されていたことになる．

レイノルズ数が決める物体の抵抗

レイノルズ数が異なると，空気力特性に大きな差が現れる．円柱の抵抗係数がレイノルズ数によって大きく変化する現象は，特に有名である．抵抗係数 C_D とは，抵抗 D を以下のように表現する無次元数である．

$$D=\frac{1}{2}\rho V^2 SC_D$$

ここで，ρ は空気密度，V は流速，S は面積である．速度が十分に小さい（つまりレイノルズ数が小さい）と，抵抗は速度に比例し，結果的に抵抗係数は速度とともに減少する（図 13.2）．このとき，円柱の後流にはわずかな剥離（はくり）領域が現れる．剥離は，流れが表面に沿って流れることができない状態をいい，失速の原因となる．

さらに流速が増す，またはレイノルズ数が大きくなると，円柱の後ろには規則的な渦が交互に放出される．この状態では抵抗係数は速度によらずほぼ一定となる．この安定な渦の特性はフォン・カルマンによって研究され，カルマン渦と呼ばれている．また，さらに速度が増すと，渦は激しく交互に放出されるが，抵抗係数は小さな値となる．この場合も，流れの特性を支配するパラメータはレイノルズ数である．

ゴルフボールのくぼみの効果

図 13.2 で，レイノルズ数が 10^5 を超えた領域で抵抗係数が急に

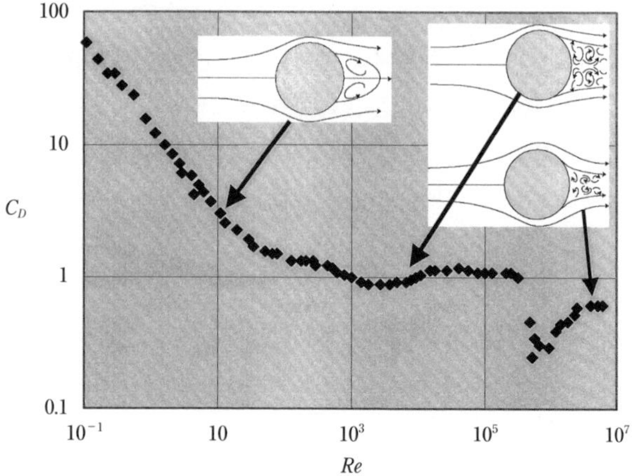

図 13.2　円柱の空気抵抗（資料 2-12 より作成）

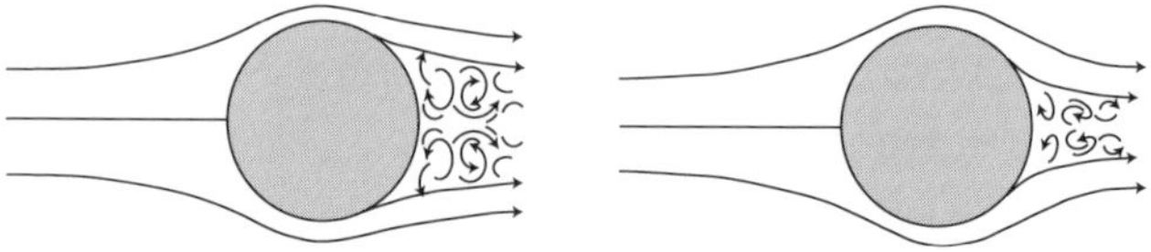

図 13.3　層流剥離と乱流剥離（資料 2-13 より作成）

小さくなる現象は，ゴルフボールのくぼみ（ディンプル）に生かされているという．抵抗係数の急変は，円柱後方の流れの様子以外に，円柱表面の観察からも知ることができる．剥離が層流の状態のまま発生するか，層流から乱流に変化した後発生するかの違いである（図 13.3）．層流での剥離は上流側で発生するので抵抗（圧力抵抗）は大きくなり，乱流での剥離は下流側で発生するので抵抗は小さくなる．

層流とはレイノルズが観察した染料のスムーズな流れ，乱流とは染料の乱れた流れ状態に相当している．円柱では，表面の流れが乱流のほうが剥離を遅らせることができるので，抵抗を小さくできる．ゴルフボールの表面のくぼみは，表面の流れを乱流に変えるためにつけられている．くぼみをつけたゴルフボールは，空気抵抗が小さいため，表面がツルツルのボールよりはるかに遠くまで飛ぶ．

飛行機の空気抵抗

飛行機は滑らかな流線形に設計されるので，円柱ほど激しくはないが，やはり抵抗係数はレイノルズ数によって変化する．飛行機の空気抵抗は大別すると，気流の摩擦によって機体表面に作用する摩擦抵抗，表面の圧力分布による圧力抵抗，揚力の発生に伴う誘導抵抗に分けることができる．例えば大型の輸送機の巡航時には，抵抗係数の割合は，摩擦抵抗が 50%，圧力抵抗が 8%，誘導抵抗が 42% 程度と解析されている（図 13.4）．

飛行機の空気抵抗で大きな割合を占めるのは，摩擦抵抗と誘導抵抗である．誘導抵抗は，前章で紹介した翼端渦が後流の空気を運動させることで発生する．渦が揚力をつくることの代償としてエネルギーを消費すると考えてもよい．もう一つの摩擦抵抗は，まさしく粘性の効果である．圧力抵抗が飛行機で小さいのは流線形をしているためである．剥離領域がなければ，ダランベールのパラドックスによって圧力抵抗は 0 になる．実際の飛行機で，圧力抵抗は 0 では

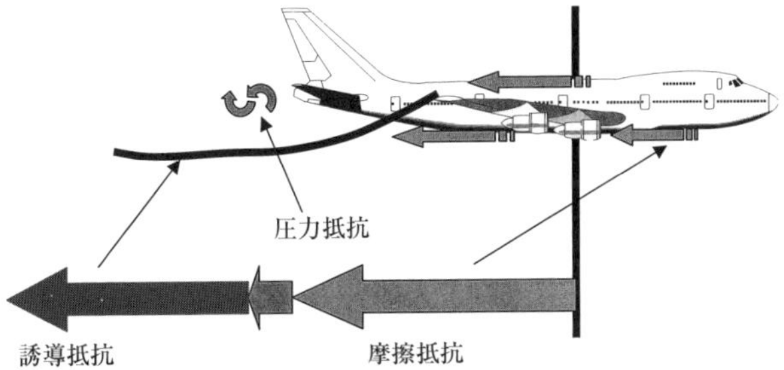

図 13.4　飛行機の空気抵抗（巡航時）

ないがわずかに存在する.

摩擦抵抗の解析と境界層

流体の摩擦抵抗を最初に研究したのはニュートンであった. 流れは摩擦のため, 物体表面では0になる. このとき摩擦力が作用するが, その大きさをニュートンは

$$\tau = \mu \frac{du}{dy}$$

と表した. ここで, du/dy は流速の物体法線方向変化 (図13.5) で, μ は流体の粘性係数 (動粘性係数 ν と密度 ρ の積) である. この法則に従う流体はニュートン流と呼ばれ, 飛行機のまわりの空気の流れもニュートン流である.

粘性のないオイラーの方程式に粘性の項を加えたのは, クロード・ルイ・マリー・ヘンリー・ナビエ (Claude-Louis-Marie-Henri Navier：1785-1836) とジョージ・ガブリエル・ストークス (George Gabriel Stokes：1819-1903) であった. 最終的には1845年に, 粘性を含む流体の基礎方程式ナビエ・ストークス方程式が導かれた.

ナビエ・ストークス方程式は, 今日のスーパーコンピュータをもってしても, 飛行機が飛ぶときの高いレイノルズ数では完全に解く

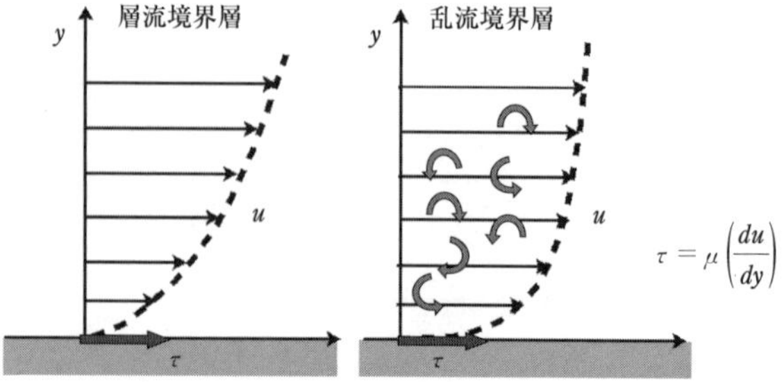

図13.5　摩擦抵抗

ことはできない．境界層という概念を用いて，摩擦抵抗の問題を数学的に解析できることを示したのはプラントルである．翼のような流線形物体であれば，粘性を考慮しなければならない領域は，物体表面のごく近傍に限られ，その領域は境界層と呼ばれる．境界層の中では流速が大きく変化し，そこには渦が存在することになる．クッタやジュコーフスキーが考えた渦が，境界層の中に確かに存在したのである．そして，境界層は薄いのでナビエ・ストークスの方程式を驚くほど簡略化でき，数学的に解くことができた．

境界層を解くための研究が進み，その解を調べるために詳細な実験が行われることによって，粘性に関する理解が急速に高まった．そして，その結果は飛行機の設計に反映された．飛行機の翼では剝離はほとんどないので，ゴルフボールとは異なり，境界層をできる限り層流に維持すれば摩擦抵抗を小さくできる．層流翼という翼型はそうしたコンセプトで設計された．層流と乱流では，境界層内の速度分布が図 13.5 のように変化する．乱流になると境界層内の流れは乱れ，速度分布も表面近くで急激に小さくなるので，摩擦抵抗は層流よりも大きくなる．

フライヤー号の翼型の謎

ここまでくると，フライヤー号の翼が今日の翼とは異なり極端に薄かったことの理由が見えてくる．ライト兄弟は自らの風洞で 200 種類もの模型を試験し，1903 年に初飛行したフライヤー号を設計した．しかし，当時，レイノルズ数の重要性は知られていなかったので，風洞の流速は実際の飛行速度程度であった．模型は小さいので，レイノルズ数が小さくなる．いかに飛行速度が低かったとはいえ，フライヤー号のレイノルズ数は 10^6 程度であった．これより 1 桁から 2 桁小さなレイノルズ数で実験したことになる．

レイノルズ数がずれたことの影響は抵抗係数に現れる．図 13.6 は，いろいろな断面の柱の空気抵抗係数とレイノルズ数の関係をプ

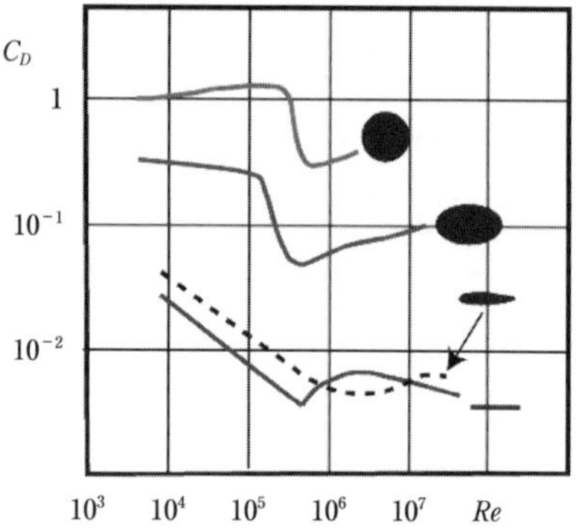

図 13.6　さまざまな断面の空気抵抗（資料 2-6 より作成）

ロットしたものである．下の 2 本が 12 %の厚みをもつ翼型と平板の空気抵抗係数である．10^6 以下では薄い平板のほうが空気抵抗係数は小さいが，10^6 から 10^7 のレイノルズ数では逆に厚い翼型のほうが空気抵抗係数は小さい．

レイノルズ数によって平板の空気抵抗係数が変化するのは，境界層が層流から乱流という状態に変化するためである．翼型と平板で空気抵抗係数の大きさが逆転するのは，乱流に変化するレイノルズ数が両者で異なるためであろう．ともかく空気抵抗は小さいほうがよい．10^4 程度のレイノルズ数で風洞実験を行ったライト兄弟は，厚みのある翼よりも，厚みのない薄い翼の抵抗が小さくなると判断したと考えられる．しかし，レイノルズ数の大きな実際の飛行状態では，厚みのある翼型のほうが空気抵抗が小さくなったはずである．

レイノルズ数による揚力係数の変化

レイノルズ数は揚力係数の最大値にも影響する．普通の翼型では，レイノルズ数が小さくなると失速が小さな迎え角で起きるので，揚力係数の最大値は小さくなる傾向にある．揚力係数の最大値は失速で決まる．ゴルフボールの例のように，乱流境界層になっていたほうが剝離を遅らせることができるので，レイノルズ数が大きいほど揚力係数の最大値は大きくなると説明できる．これは，厚みのある普通の翼型の場合である．

翼が薄いと，先端で流れがはがれてしまうので，飛行機が飛行するようなレイノルズ数では，最大揚力係数は著しく小さくなってしまう．普通の飛行機が厚みのある翼型を使用するのは，このためでもある．ただし，レイノルズ数が小さくなると，厚みのある翼でも最大揚力係数は低下するので，両者の優劣は明確でなくなる．抵抗係数は，レイノルズ数が小さいときは厚みのない薄い翼のほうが小さいことを考えると，ライト兄弟が風洞実験から薄い翼を採用したとしても不思議はない．

ちなみに，もっとレイノルズ数が小さいと，翼の先端をとがらせたほうがよい結果が得られるとも考えられる．紙飛行機を見てほしい．翼の先を丸めると急に飛ばなくなる．薄い翼のまわりの流れを観察すると，平板の先端で流れがはがれるが，バブル状の渦が内部にでき，流れは再び平板に付着する（図 13.7）．レイノルズ数が小さいときには，こうした流れの再付着によって平板でも有効に揚力が発生する．そのためには，先端はとがっていたほうがよい．紙飛行機以外では，昆虫の翼は薄い．鳥になるとレイノルズ数が少し大きくなるので，フライヤー号のような翼になる．ライト兄弟の時代には鳥をお手本に翼を設計した．鳥のような翼を採用したのも当然

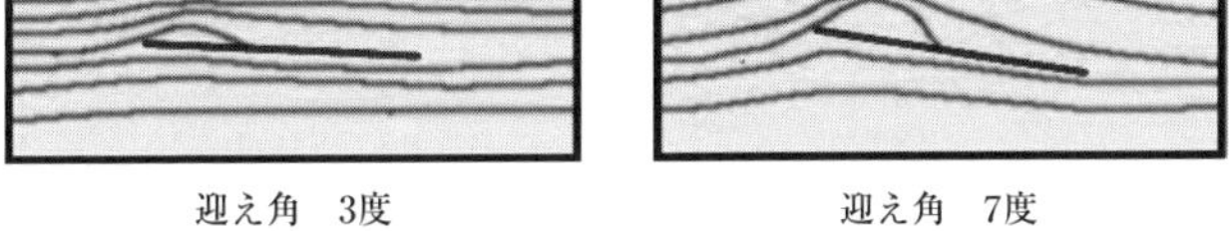

図 13.7　尖った翼のまわりの流れ（資料 2-5 より作成）

といえる．

アスペクト比を 6 とした根拠

レイノルズ数の影響はアスペクト比にも現れる．前章の揚力線理論ではアスペクト比を上げれば上げるほど，誘導抵抗を小さくできた．図 13.8 にアスペクト比の異なる翼の揚抗比を比較する．アスペクト比を大きくすると揚抗比は増すが，揚抗比が最大となる迎え角（または揚力係数）は大きくなる．レイノルズ数が小さいときは，失速が発生する迎え角が小さくなり，大きな揚力係数を得ることができない．これでは，アスペクト比を大きくするメリットがなくなってしまう．ライト兄弟の風洞実験でアスペクト比 6 の翼が最良となったのも，レイノルズ数が小さかったことと関係していそうである．

紙飛行機でも，あまり大きなアスペクト比は歓迎されない．これも，レイノルズ数が小さいので，アスペクト比を大きくする利点がないためであろう．レイノルズ数がより大きな飛行機では揚力係数の上限の問題はなくなるが，翼の曲げモーメントが大きなアスペク

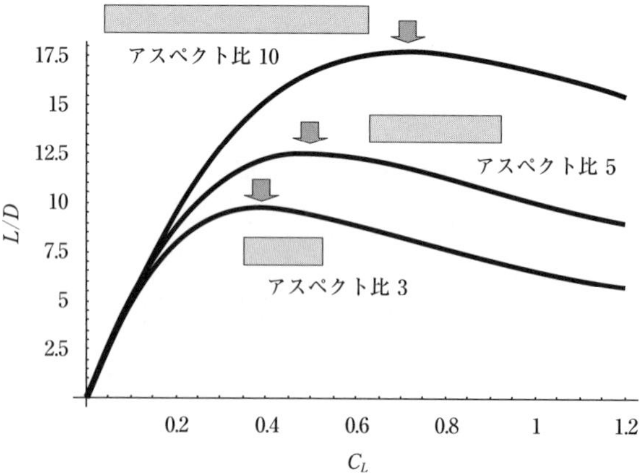

図 13.8　アスペクト比の異なる翼の揚抗比

ト比の制約となることは前章で説明したとおりである．ボーイング747のアスペクト比は7程度であり，フライヤー号の6.37とさほど差がないのは偶然の一致のようであるが，興味深い．

厚みのある翼の誕生

今日，複葉機をつくろうとしないのは，上下の翼をつなぐ支柱やケーブルが大きな空気抵抗になることを知っているからである．細いケーブルの張線がいかに大きな抵抗となるかは，図13.9からも明らかである．直径Dのケーブルに作用する空気抵抗は，厚みが10倍もある翼と同じである．こうした状況にもかかわらず，初期の飛行機が複葉機に固執したのは，厚みの薄い翼型を採用したことが一因である．厚みがなければ翼はすぐにたわむので，翼を上下に配置し支柱でトラスを組み，全体として強度を確保する必要がある．ドーバー海峡を横断飛行したブレリオXI（写真10.7参照，1909年，フランス）のような単葉機も出現するが，薄い翼を完全な片持ちとすることはできず，張線で翼を支えることになる．

薄い翼型への執着はリリエンタールやライト兄弟の影響が強いが，当時の風洞ではレイノルズ数を合わせることができず，その重要性も認識されていなかったことが関係している．

1917年に出現したドイツのフォッカーDr Iは13%の厚い翼を採用し，薄翼への信仰に終焉を告げた．片持ち翼で設計された機体に

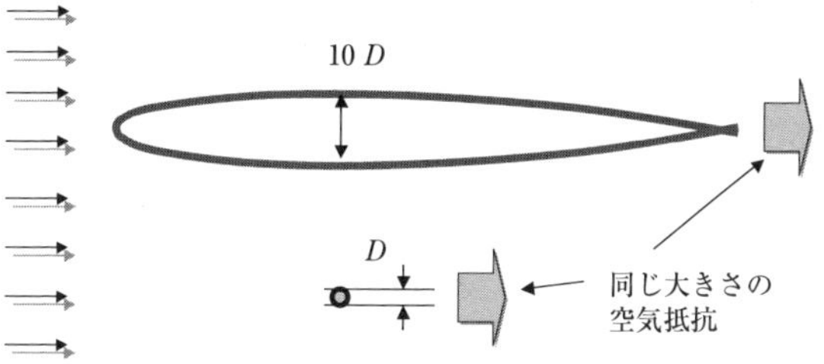

図13.9　ワイヤーと翼型の空気抵抗の比較

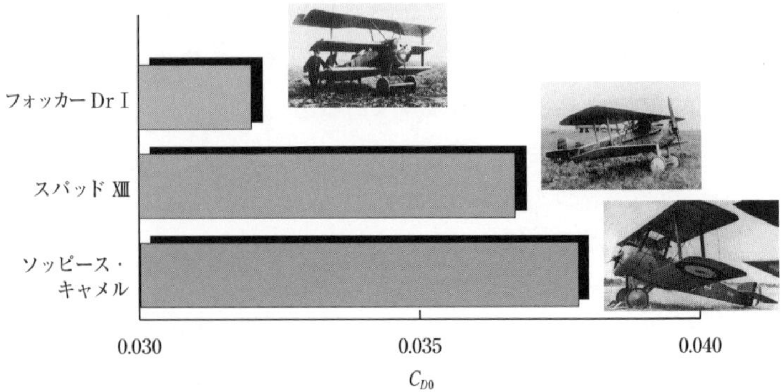

図 13.10　第一次世界大戦の戦闘機の抵抗係数（資料 2-15 より作成）

は張線がなく，初期の設計では支柱までなかった．結局，支柱は取り付けられたものの，揚力が 0 のときの抵抗係数は図 13.10 に示すように第一次世界大戦における他国の戦闘機よりも小さい．フランスのスパッド XIII は当時の戦闘機では最高速度を誇り，イギリスのソッピース・キャメルも速度ではフォッカーを凌いでいた．フォッカー Dr I はリヒトホーヘンの愛機として知られる三葉機である．最高速度ではスパッド XIII やソッピース・キャメルに劣るものの，厚翼による高迎角時の揚力係数の高さに支えられ優れた上昇性能と旋回性能を示し，運動性能のよさで西部戦線を制圧した．

第一次世界大戦の最高傑作機とされるドイツのフォッカー D VII（1917 年，写真 13.1）も厚い翼の片持ち構造であった．ドイツの機体が世界に先駆け厚い翼型を採用した背景には，ゲッチンゲン大学におけるプラントルらの研究成果があった．すなわち，レイノルズ数が空力特性を左右することが明らかになり，風洞実験の精度が飛躍的に向上したのである．その後，全金属製の機体が出現し，厚みのある単葉機が飛行機の基本的なスタイルになっていく．ユンカース F 13（写真 13.2）などはその先駆けとなる機体であった．

写真 13.1　フォッカー D VII（1917 年）

写真 13.2　ユンカース F 13（1919 年）

逆テーパー翼の謎

前章で，翼端を細くするテーパーをつけると空気抵抗を減らせることを説明した．しかし，初期の飛行機には，翼端が大きくなる逆テーパー翼をもつものも少なくない．例えば，1920 年にローマー東京間を国際親善飛行したズバ 9（図 13.11）も逆テーパー翼を用いている．空気抵抗の大きな逆テーパー翼を用いるのも翼の薄さに関係している．薄い翼は，迎え角が大きくなるとすぐに失速する．失速には注意しなくてはいけない．特に翼端失速は要注意である．

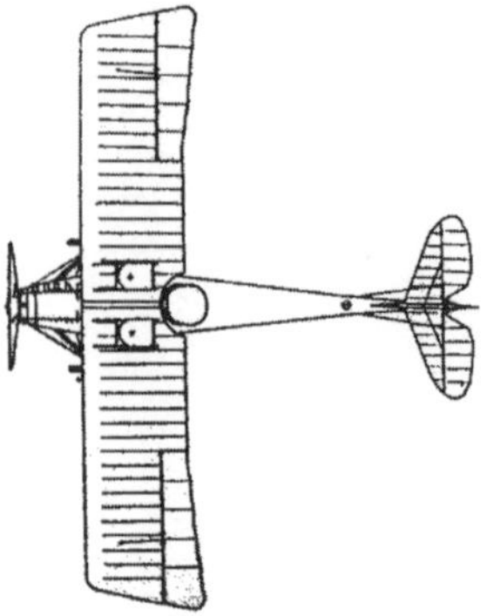

図 13.11　ズバ 9（1917 年）

失速は翼の各部位で同時に起きるわけではない．翼端が最初に失速することを翼端失速という．片側の翼で翼端失速が起きると，左右の揚力がアンバランスになり，機体が急激に傾き危険である．翼端を細くすると翼端失速が起きやすいので，逆にテーパーをつける．空気抵抗の観点からは逆テーパーは不利であるが，薄い翼型を採用した機体では失速特性のほうが重要と考えられたのであろう．

なおズバの親善飛行は，当時としては空前の大飛行で，4 機のカプロニ重爆撃機と 11 機のズバ 9 でチームが編成されるが，さまざまな障害に出会い，ローマー東京間を無事に飛び終えた機体は 1 機のみであった．所要日数 107 日，実飛行時間 112 時間の飛行で，平均時速は 160 km であった．大阪城東練兵場に着陸した機体の乗組員は，わが国で初めて航空通関手続きを受けたとのことである．

科学と技術が支える飛行機の進化

飛行機の発達は科学と技術の両輪の進歩に支えられている．わが国では「科学技術」と一つの言葉のように使われるが，本来，「科学」（science）と「技術」（technology）は別物である．「科学」は「普遍的真理や法則を発見することを目的とした体系的知識」とされているが，「技術」はその科学理論を人間生活に役立つように利用する手段である．

ライト兄弟のフライヤー号やリリエンタールの飛行は「技術」の結晶であり，芸術ともいえる．そして，その「技術」は，クッタ，ジュコーフスキー，プラントルの理論研究を促し，空気力学の「科学」としての発展を導いた．流線形の無駄のない洗練された形と，強固で軽量な金属製機体，そしてジェットエンジンによる今日の飛行機へと進化を遂げたのは，「科学」の成果が「技術」に反映され，「技術」が「科学」の発展を促す，そうした相互作用が繰り返されたためにほかならない．

第 14 章　パイロットはなぜ左席か

操縦方式の変遷

ライト兄弟は飛行機の操縦方式を確立したのであるが，フライヤー号の操縦装置は今日の飛行機のそれとはかなり異なっている．操縦装置も飛行機技術の一つとして変遷を遂げている．この章では，最初にフライヤー号の操縦方式を振り返り，その後の変遷をたどってみたい．

フライヤー号の操縦方式

ライト兄弟のフライヤー号は，左から乗り込み，翼にうつ伏せになって操縦する．うつ伏せになるのは，空気抵抗を少しでも減らすためである．左手で前方の水平舵の傾きを変えるピッチレバーを操作し，機首の上げ・下げを制御する．ピッチレバーを前に倒すと機首が下がり，後ろに引くと機首が上がるシステムは，人間の感覚と一致していた．当然の設定のようにも思えるが，初期の飛行機には逆の操作を行うものもあった．右手はエンジンの燃料調節レバーを操作した．もっとも，飛行中のエンジンは最大推力のままであったから，右手は体を支えるために機体をつかんでいたに違いない．

横方向への操舵はフライヤー号の最大の特徴であった．主翼をねじることによって左右の揚力の差をつくり，機体を傾ける．この操作は，体を腰の部分で支えるサドルを左右にスライドさせることで行った．右に旋回する場合には体を右に移動させサドルを動かし，サドルにつながれたワイヤーを操作し翼をねじったのである．サドルのワイヤーは機体後方の垂直尾翼にもつながり，その角度を変え，方向舵として機能させることで旋回を助けた．

フライヤー号も 1908 年の A 型となると，パイロットは座って操縦できるようになった．横方向操縦のためのサドルは廃止され，2

本のハンドレバーが用意された．左のレバーは1903年フライヤー号と同じく，水平舵を操作するピッチレバーであり，右のレバーは主翼のねじりと方向舵を操作する．右のレバーの操作は複雑で，フランス，イタリア，イギリスで製造された機体は左右の動きで主翼のねじり，前後の動きで方向舵を操作した．また，ドイツとアメリカで製造された機体は基本的には主翼のねじりと方向舵が連動して動き，レバー上部のハンドルで連動の割合を調節したという．いずれにせよ，左右の手を独立して動かすので，その操縦は難しそうである．

近代的操縦方式の誕生

『コックピット変遷史』(資料3-8) によると，近代的操縦方式のパイオニアはフランスのルイ・ブレリオであるという．1909年7月25日，ドーバー海峡横断に成功したブレリオXI（写真10.7）の操縦者で，製作者でもある．

ブレリオXIの操縦桿は床から垂直に伸び，上部に丸い小さなハンドルをもっている．丸いハンドルは回転操作のためではなく，単に握りやすいというだけで採用された．ハンドルを前後に操作すると，水平尾翼の後ろ半分が傾き昇降舵の働きをする．また，同じハンドルを左右に傾けると主翼がたわみ，機体は傾く．つまり，現在の操縦桿と同じ働きをする．さらに，ブレリオXIのフットバーは垂直尾翼の傾きを変えることができ，方向舵バーの役割をした．フットバーの操作方法も現在の方式と同じで，右に旋回する場合，右足を前，左足を後ろに動かす．

操縦桿の操作は極めて自然であり，その後，多くの機体に直ちに採用された．ただし，フットバーの操作に関しては議論の余地がある．旋回するときのフットバーの動きは，自転車のハンドルの動きと逆である．つまり，体の回転は旋回の方向とは逆になる．この不自然な操作を採用した理由には二つの説がある．一つは，ボートのコックスが操作する舵の動きと同じであるとするもの，もう一つは，フットバーからワイヤーを介して方向舵を操作する支柱につなげばそうなるというものである．もっとも，ワイヤーを1回クロスさせれば自転車のハンドル式にできる．事実，1910年代の機体にはそうしたものもあったという．

私は，飛行機の操縦免許をもっていないが，シミュレータで操縦する際，最初はやはりフットバーの操作に神経を使う．右旋回では右足を踏むとしっかり頭に入れてからでないと正しく操縦できない．もっとも，すぐに慣れてしまうので，プロのパイロットであれば問題はまったくない．ドーバー海峡横断で一躍有名になり，多くの飛行学校で使用されたこともあり，ブレリオXIの操縦方式は世界標準となった．ライト兄弟も1912年頃にはオリジナルの操縦方式を捨てて，操縦輪とフットバー方式を採用している．

操縦桿または操縦輪とフットバーの操作はまたたく間に統一されたが，エンジンスロットルに関しては，右に配置するか左にするかという問題以前に，その操作方式に混乱があった．現在では，エンジンスロットルは押せば出力が上がる．人間の感覚と一致した操作であるが，1945年頃までフランスとイタリアの飛行機ではスロットルレバーを手前に引いて出力を上げた．わが国では，陸軍はフランス式，海軍はイギリス式のスロットルの操作だったそうである．

パイロットはなぜ左に座るのか

現在のエアラインの飛行機では，機長はいつも左に座る．時々，なぜ左席なのかと尋ねられるが，はっきりした根拠があるわけではないらしい．確かにライト兄弟もA型で複座になったとき左側で操縦した．いつも左から操縦席についていたためであろう．しかし，初期には，右側にパイロットが座る機体も存在した．

ほかではどうか東大の先生方に聞いてみた．自動車は日本では左側通行なので右に運転席がある．追い越しのときにセンターラインに近いほうに運転席があったほうが見とおしがよいからである．ただし，道路清掃車など左の路肩に注意しなくてはならない車両では，わざと運転席を左にする場合もあるという．鉄道もわが国は左側通行なのだが，運転手は自動車と違って左に座る．駅が線路の両側につくられる場合が多いので，乗り降りが簡単なようにという説や，信号は左にあるので見やすいようにという配慮もあるそうである．ただし，これにも例外があって，単線区間で，対向列車との交換でタブレットを頻繁に相手列車と取り替える必要がある場合や，線路に挟まれた島式ホームでワンマン運転をする場合など，運転士が頻繁に右側に降りる必要がある路線では，右側運転席の車両が走るそうである．

では，なぜ左側通行なのか．イギリスでは乗馬習慣や馬車の慣行から左側通行となり，ヨーロッパ大陸ではナポレオン軍の行進が右側通行だったから，などといわれている．日本では，武士の帯刀習慣から，左に差した刀のさやがあたらないように左側通行になったとの説が有力のようだ．右側通行の海外で自動車を運転すると，逆のレーンを走ることには強い抵抗があるが，座席の左右の差にはさほど違和感がない．むしろ左に座って右手でハンドブレーキやシフトレバーを操作するほうが，右利きの私には力が入って自然な感じがする．ただし，ワイパーとウィンカーの位置が逆なのには閉口である．カーブを曲がろうとしてワイパーを動かしてしまい慌てる．日本に輸入される外国車の多くは，運転席はさすがに右に移している場合が多いが，ワイパーとウィンカーの位置までは直してくれてはいないようだ．

左席を好むパイロット

『コックピット変遷史』という本によると，飛行機のパイロットが左に位置するのは，左手に相手機を見てすれ違うという規則が1909年にできたことで確立されたとある．自動車がセンターラインに近いほうに操縦席があるのと同じである．しかし，この規則はパイロットが左寄りに座ることが多いという事実に基づいているようであるから，なぜ左に座るかという疑問の答えにはならない．

フライヤー号は右にエンジンを配し，パイロットは中心よりも左にうつ伏せの姿勢で操縦した．以後，多くの機体は左から乗り込む．これも乗馬の習慣からきているという説がある．確かに左にサーベルを差すと右から乗るのは難しい．しかし，別に刀やサーベルを差さなくとも，自転車は左から乗るのが普通である．これは右利き・左利きと関係していそうである．前原勝矢の『右利き・左利きの科学』（資料 4-2）によると，日常生活における足の使い分けは，(1)ボールを蹴る，(2)階段を昇るときの第一歩，(3)ズボンをはき始める足，(4)先に靴をはく足，(5)走り高跳びの踏み切り足，(6)自転車に乗る側，などの順で右足から左足を使う人の割合が多くなるそうである．自転車に乗る側は圧倒的に左側が多いのであるから，飛行機に左から乗り込むのが好まれても不自然ではない．左から乗り込めば左に座るのが自然である．

右手・左手

左から乗り込む別の根拠が『コックピット変遷史』に紹介されている．右手で操縦桿，左手でエンジンスロットルという配置が関係しているというのである．現代の戦闘機でも用いられるこの配置は，人間工学的に優れているに違いない．こうした配置を多発大型機の広いコックピットに適用するには，左席がよい．右席でこの配置をとろうとすると，エンジンスロットルを中央におかねばならず，通路の邪魔になる．左席にすれば，窓側の胴体壁面にエンジンスロットルを配置できるので都合がよい．例えば，ドイツのゴータGV 大型爆撃機（写真 14.1）は，操縦席前方に備えられた射撃席のためにコックピット右側を通路にあけている．

ドイツと戦ったイギリスでは事情が異なっていた．1919 年に大

写真 14.1　ゴータ GV（1917 年）

写真 14.2　ビッカース・ビミー（1919 年）

西洋無着陸横断飛行に成功したビッカース・ビミー（写真 14.2）などでは，パイロットはコックピットの右側に位置した．この場合，中央通路の邪魔にならないようにエンジンスロットルは席の右側に配置されていた．イギリスではこの方式が多かったという．

右手で操縦桿，左手でエンジンスロットルという人間工学的に優れた配置を捨ててまでも右席にこだわった理由は何であろうか．イギリスでは，海軍の習慣で右席が左席よりも上位にあった．右が左よりも優れているという慣習は世界共通のようである．「左遷」とか「左前」という言葉があるように，日本でも左の地位は低い．前

写真 14.3　ジェット旅客機のコックピット

出の『右利き・左利きの科学』では，左に対する偏見は排泄行為の習慣と結びついているという説を紹介している．近代文明以前には排便の処理が衛生上重要であり，左手が排便処理の手と決められていたのだという．左の地位が低いのはそのためという説明である．この説の真否はともかく，イギリスでは 1940 年代までも右側操縦席の機体が残っていた．

この説を披露すると，写真 14.3 のように旅客機のエンジンスロットルは左右座席の中央に配置されているではないかとの反論を受ける．確かにそのとおりであるが，中央操作部でエンジンの推力操作をすることになったのは，民間輸送機が普及し，機長と副機長の 2 名で操縦を分担する方式が確立したためである．

右回り・左回り

右席・左席の優劣を決める別の要因として，旋回時に右回りを主とするか，左回りを主とするかという問題がある．再び『右利き・左利きの科学』によれば，人間には左回りが自然な回り方なのだそうだ．陸上競技のトラック，競輪，競艇すべて左回りである．社交ダンスでは左回りをナチュラルターン，右回りをリバースターンというらしい．なぜ左回りが自然なのか．左右の足の長さに差があるという説はあまり説得力がない．最近の脳の研究では，脳の深底に位置する基底核の神経に左右差があることが関係しているという．

飛行機でもほとんどは左回り，すなわち反時計回りでコースを周回する．『コックピット変遷史』によれば，1909年ランスで初の航空ショーが開催された際に，時計回りと反時計回りの両方のコースが設定されたが，当日，風の具合で反時計回りが採用されたという．ライト兄弟が欠場し，カーチスが優勝を勝ち取ったゴードン・ベネット杯のことである．このとき，左回りになったのが，左回り・反時計回りの根拠とされているが，私には，人間は左回りが自然な回り方だとする説のほうが，説得力があるように思える．もちろん左回りであれば内側に位置する左席が有利である．

右から乗り込む機体

右から乗り込む機体が皆無というわけではない．リンドバーグのスピリット・オブ・セントルイス（ライアンNYP，写真14.4）は右側に扉がある．ニューヨーク・パリ間の無着陸飛行に対して25 000ドルの賞金が「オルティグ賞」として1919年に設けられて

写真14.4　ライアンNYP（1927年）

以来，多くの飛行家が挑戦した．例えば，1926 年には第一次世界大戦のフランスのエース，ルネ・フォンクがシコルスキーの三発機 S-35 でニューヨークを飛び立つが，最大離陸重量を超える燃料を搭載したため，離陸に失敗し炎上している．

チャールズ・A・リンドバーグ（Charles Augustus Lindbergh：1902-1974）はウィスコンシン大学で工学を学ぶが，飛行機への情熱が高じて曲技飛行に転身し，1926 年にはセントルイス・シカゴ間の郵便飛行士となった．危険な夜間の郵便飛行のなかで，大西洋無着陸飛行への夢が広がる．最初の，そして最も重要な課題は機体の選択であった．無名の郵便飛行士が集められる資金では，単発機での単独飛行が限界であった．リンドバーグが目をつけた機体はライト J-5 ワールウィンド 220 馬力エンジン（ライト社のエンジンである）を搭載するベランカ WB-2 であった．しかし，ベランカ社は無名のパイロットに機体を売ることに難色を示し，大西洋を横断するのであれば，パイロットをベランカ社で決めると言い出す始末であった．

リンドバーグの大西洋横断

最終的にサン・ディエゴのライアン社の郵便機 M-2 が選ばれた．弱小メーカーであったライアン社はリンドバーグの挑戦に社運を託し，M-2 の改良に全面的な協力を申し出た．鋼管溶接に布貼りの胴体の前半には金属外板が貼られ，木骨に布貼りの翼は翼幅が延ばされ機体重量の増加をカバーするとともに，巡航性能の向上が図られている．最大の改造はコックピットである．2 トン近い燃料を搭載するため，コックピット前方は燃料タンクに占領された．燃料残量の変化によって機体重心が変化しないようにするためである．その結果，パイロットは前を見ることができず，前方視界は機体左に突き出たペリスコープによって，かろうじて提供されるにすぎない．窮屈なコックピットで，パイロットは右手で操縦桿を，左手でエンジンスロットルを操作する．こうした配置のために，扉は右にしかつけることができず，パイロットは右の扉から乗り込む結果になったのであろう．

機体は2か月で完成し，1927年4月28日には初飛行を迎えた．主翼の延長にもかかわらず尾翼はオリジナルのままであったから，機体の安定性は損なわれることになったが，長距離飛行の眠気覚ましには好都合と判断された．実はニューヨーク・パリの無着陸飛行はきわどい接戦であったから，悠長に機体を調整する時間的余裕もなかった．リンドバーグが購入しそこねたベランカは，著名なパイロットであるC・チェンバレンの操縦により無着陸飛行の準備が進められ，大西洋飛行を優に超える51時間連続飛行を達成していた．また，5月8日には第一次世界大戦のエース，ナンジェッセとコリーがパリを飛び立っていた（同機は離陸直後に消息を絶っている）．霧と悪天候が回復するのを待ち，リンドバーグのスピリット・オブ・セントルイスは5月20日午前7時52分に離陸し，33時間30分後にパリのル・ブールジェに到着した．

左に座る機長

今日，エアラインの機長は必ず左に座る．ある機長さんが私に語ってくれたことがある．「飛行機が着陸したときに，お客さんが左の扉からタラップを降りていく．機長の私は，乗客のみなさんを安全にお運びできたことを，そのとき窓から確認します．機長は左に座らなければその様子が見えないではないですか」．私は，それを聞いてから飛行機を降りるときは必ず機長席の窓を見て，機長に無事な飛行を感謝することにしている．

第 15 章　手ばなし飛行への挑戦
自動操縦装置の誕生

1903 年 12 月 17 日のフライヤー号の飛行時間は，最長でも 59 秒であった．ライト兄弟は，不安定な機体で強い風の中を地表すれすれに飛行した．それは緊張の連続であったに違いない．人間の緊張や注意力はそれほど持続するものではない．長時間の飛行が常識となると，手ばなしの飛行ができるように飛行機には安定性が要求された．さらに，規定のコースを自動的に維持できるような自動操縦装置の発明が望まれた．

ライト兄弟の弟オーヴィルも，自動操縦装置の発明を目指した．ここでは，オートパイロットとも呼ばれる自動制御を利用した装置の誕生と実用化の過程を追ってみたい．

オーヴィルの自動操縦装置の発明

ライト兄弟の弟オーヴィルが自動操縦装置の研究を行い，特許も取得していることは意外と知られていない．ライト社の技術監督となったライト兄弟の弟であるオーヴィルの関心は，自動操縦装置の開発にあった．飛行機が普及し，長距離飛行が可能になると，パイロットが手ばなしでもまっすぐ飛べるような仕掛けが欲しくなる．機体が傾いた場合，パイロットが修整操作をしなくても，自動的に戻してくれる装置があればどれほど楽になるであろうか．

1911 年，オーヴィルは新型のグライダー（写真 15.1）を初飛行の地，キティホークで試験飛行する際に，この装置を試そうとした．1903 年の飛行とは異なり，試験飛行には新聞記者も同行した．オーヴィルも，さすがに記者を排除することはなかったが，秘密が漏れることを恐れて自動操縦装置の試験はあきらめたようである．この装置は，機体の傾きを重りのついた振り子と翼板により検知

写真 15.1　ライト兄弟の 1911 年グライダー

し，昇降舵と翼のねじりを司るワイヤーを自動的に操作するフィードバック装置であった．1908 年 2 月 8 日にこの装置の特許を申請している．

水平尾翼の採用

このグライダーは依然としてエルロンではなくねじり翼であったが，後方に延びたフレームに垂直尾翼と水平尾翼を配置し，見るからに安定性がよさそうである．オーヴィルは 1911 年 10 月 24 日に，このグライダーで 9 分 45 秒飛行し，滑空時間の世界記録を樹立した．これは 10 年ほど破られない偉大な記録となった．それまでの記録は，同じオーヴィルが同じ地で，8 年前の 1903 年に，1 分 11.8 秒飛行したものであった．動力飛行の準備のために，1902 年のグライダーで飛行練習をした際に樹立したのだ．

ちなみに，このグライダーの形態は，ベビー・グランド・レーサーやモデル EX（写真 15.2）に近い．ベビー・グランド・レーサーは兄弟が速度と高度の記録達成を目指して製作した小型の機体であった．この機体は，1910 年にニューヨークで開催されたアメリカ

写真 15.2　ライト・モデル EX

最初の国際航空ショーで披露され，オーヴィルの操縦で時速 129 km を記録した．

一方の EX は，1911 年 9 月 17 日から 12 月 10 日にかけてニューヨークのシープスヘッド湾から西海岸のロングビーチまで，アメリカ大陸を初めて横断飛行した機体である．パイロットはキャルブレイス・ロジャースであり，このときの機体はスポンサーの清涼飲料水の名前をとり「ヴァン・フィズ」と呼ばれた．前方にあった水平舵は後方に移動され，安定性の向上が図られている．また，車輪も取り付けられていることがわかる．フライヤー号に固執したライト兄弟であったが，徐々に新しい様式を取り入れていた．ただし，プロペラは依然としてチェーン駆動で，主翼の後におかれたプッシャー式であった．小さなエンジンで効率を重視したフライヤー号では，チェーンで減速し，大きなプロペラを回す必要があった．しかし，エンジンが強力になるとチェーン駆動は故障の原因となっていた．もちろん，ねじり翼が採用されているが，機体が重くなり，翼をねじることは強度的に難しくなっていた．

オーヴィル，コリア賞を受賞する

1908 年に申請した自動操縦装置の特許は，1913 年に認められた．早速，オーヴィルはモデル E にこの装置を取り付け，公開飛行を試みた．1913 年の最後の日，すなわち 12 月 31 日に，手ばなしで 7 周の周回飛行に成功した．

1913 年にこだわったのには理由があった．その年のコリア賞の獲得を狙ったのである．コリア賞はアメリカ航空協会が，その年の最高の航空業績に与えるもので，1911 年に制定されてから，2 年連続で，水上飛行機を開発したカーチスに与えられていた．1913 年のコリア賞は，その年最後の公開飛行によって自動操縦装置を開発したオーヴィル・ライトに与えられた．

オーヴィル・ライトのコリア賞受賞に対して，ロンドン「デイリー・メイル」は，1903 年の初飛行に匹敵する重要な発明であると称えた．1912 年に兄ウィルバーを失ったライト家にとって，久々の明るい話題であった．

スペリーのオートパイロット

確かに，自動操縦装置は飛行機にとって重要な装置となるが，現在のシステムはオーヴィル・ライトの方式ではなく，ジャイロを用いている．翌年の 1914 年のコリア賞は，ジャイロ式の自動操縦装置（オートパイロット）を開発したスペリーが受賞している．エルマー・A・スペリー（Elmer Ambrose Sperry：1860–1930）は，エジソン（1847–1931）と同時代に活躍したアメリカの発明家である．

回転する「こま」が倒れずに回り続けるように，回転する物体には回転している方向を維持しようとする力が作用する．「地球ごま」と呼ばれるおもちゃで遊んだ経験をもつ読者は，思い浮かべてほしい．ジャイロ自体は 19 世紀につくられているが，玩具でなく実用的な最初の用途は，ジャイロコンパスであった．鋼板でつくられた船舶や潜水艦では磁気コンパスの精度が期待できないため，19 世紀後半から20世紀にかけてジャイロコンパスの研究が進められた．

エルマー・スペリーも1911年にジャイロコンパスの特許を取得している．ジャイロコンパスの原理自体は単純なのであるが，実際には摩擦によってジャイロの向く方向が次第に変わってしまう．振り子が常に地心を向く性質を利用して，コンパスがいつも北を指すような工夫が加えられた．

ジャイロのもう一つの用途は安定装置である．スピン衛星と呼ばれる人工衛星は，自体を回転させることによって「こま」のように宇宙で一定の姿勢を維持している．エルマーは最初に船舶用の安定装置を考案した．船舶に大きなジャイロを搭載して，船の姿勢を安定化させる装置である．彼は，さらに同種の装置を飛行機にも搭載することを考えた．しかし，大きくて重いジャイロを飛行機に載せることは，それ自体ナンセンスであった．

スペリー親子の公開飛行

エルマー・スペリーの息子，ローレンス・B・スペリー（1892-1923）は，自らグライダーを製作して操縦するほどの飛行好きであった．父エルマーが，海軍のサポートで自動操縦の研究を開始したとき，ローレンスは，父エルマーを手伝うために，カーチスの本拠地ハモンズポートへ向かった．1912年のことであるから，ローレンスは20歳である．スペリー親子の開発する自動操縦装置は，ジャイロにより飛行機の姿勢を検知し，その出力によって昇降舵，方向舵，補助翼を操作し，機体を自動的に水平に戻すものであった．ジャイロをセンサーとして利用したところがスペリーの功績である．図15.1のように機体が傾いても，ジャイロは常に一定の方向を向いているので，機体の傾きを検出することができる．

余談であるが，船の世界でもジャイロ自身で船体の揺れを安定化させることは効率が悪い．ジャイロをセンサーとして利用して，船体のフィンを可動させて揺れを止めるフィン・スタビライザーが考案された．この装置は，1923年に日本の元良信太郎によって発明され，対馬航路の「睦丸」などに装着されたのが最初らしい．人工衛星においても，大型のものは自らをスピンさせるのではなく，小さなジャイロを姿勢が変化したことを感知するセンサーとして利用し，別の手段で姿勢を制御している．

図 15.1　ジャイロによる傾きの検出

ローレンス・スペリーは，自動操縦装置開発のかたわら操縦技術を習得した．そして，1914年6月フランスのパリ郊外で開催された航空安全競技会において，自動操縦装置を装着した機体のパイロットを務めた（写真15.3）．ローレンスは，ジャイロを搭載したカーチスNC-2水

写真 15.3　ローレンス・スペリーの操縦するカーチス水上機
（資料：Sperry Company）

上機によりセーヌ川から飛び立ち，操縦輪から手を離して立ち上がり，手ばなしで飛行した．さらに，同乗したメカニックが主翼の上を這って移動するが，ローレンスは手ばなしのままで飛行を続け，観客の喝采を浴びた．もちろん父のエルマーも観客の中にいた．

このドラマチックな飛行によってスペリーは競技会の賞金5万フランを獲得し，さらに1914年のコリア賞も受賞した．オーヴィル・ライトの自動操縦装置は確かに機能したが，ジャイロを利用した，より高度なスペリーの装置によって，わずか1年で時代遅れなものになってしまった．

計器飛行の出現

第一次世界大戦が勃発し，緊張した局面では自動操縦装置の出番もなく，その関心は薄れてしまった．しかし，スペリーのジャイロは航空計器の発展に大きく貢献することになる．

ローレンス・スペリーはスペリー航空会社を1917年に設立し，ジャイロを使用した傾斜指示計などの航空計器を発明した．旋回中には，パイロットに加速度がかかるので，重力の方向が，つまり姿勢がわからなくなる．通常は，水平線を利用して姿勢を知るのであるが，天候が悪かったり，夜間であったりすると水平線が見えなくなってしまう．常に同じ方向に軸が向くジャイロを利用すれば，計器盤に人工的に水平線をつくり出すことができる．

1929年9月24日早朝，ニューヨーク州ロングアイランドの飛行場において，ジェームス・ドゥーリトル（James Doolittle：1896-1993）は操縦席に外が見えないようにフードをかけた奇妙な飛行機を離陸させた（写真15.4）．ドゥーリトルはスピード競技やB-25による日本本土爆撃で有名なパイロットであるが，このときは計器飛行のために陸軍から研究所に派遣されていた．マサチューセッツ工科大学を卒業したドゥーリトルは，テスト・パイロットとしては適役であった．

実験機の前席にはベン・ケルシーが乗っているが，緊急時のためであり，操縦桿から手を離していた．実際のパイロットはフードの中のドゥーリトルであり，外を見ずに計器を頼りに操縦した．地上からの無線と機体の計器によって 300 m 上昇させ，飛行場の周囲を 2 周し，10 km ほど飛行させた．

再び地上からの無線によって高度を下げ，無事着陸に成功している．わずか 15 分であったが，計器飛行の実用化に向けた偉大な飛行となった．

スペリー社は，このときの実験飛行のために現在のような人工水平儀を開発した（写真 15.5）．ジャイロによって人工的に水平線を表示するもので，パイロットは視界が失われても自機の姿勢を一目で把握することができた．コールズマン社の精密高度計もこの実験

写真 15.4　ドゥーリトルによる目かくし飛行
（1929 年，資料：USAF）

写真 15.5　目かくし飛行に使用された航空計器（資料：USAF）

のために開発された．高度計は気圧の変化によって高度を表示する．10 ft（3 m）の精度で計測を行うためには，精密な加工が要求された．ドイツ生れのポール・コールズマンはスイスの時計工場に精密な歯車を発注し，この要求に応えた．内部の窓の表示が1 000 ftごと，外側の針の目盛りが100 ftと10 ftで刻まれる現在の高度計が完成したのである．

マキシムの飛行機械

華々しいデビューを飾った自動操縦装置であるが，ライト兄弟が初飛行をする10年以上前にその原型が考案されていた．

アメリカ・メイン州出身のヒーラム・S・マキシム（Hiram Stevens Maxim：1840–1916）は，ニューヨークで電力事業の技師として働きながら1870年代に機関銃を発明した．自国では関心を集めることができなかったが，イギリスの陸軍省が興味をもっていることを知り，イギリスへ移民した．1884年には1分間に600発も発射できる機関銃を完成させ，富を築いた．マキシムは飛行機にも興味があり，機関銃で得た富により実験に取り組みだした．翼型や

写真 15.6　マキシムの飛行機械（1894年）

プロペラの実験から，軽量で高出力のエンジンさえあれば飛行が可能であると信ずるようになった．ラングレー教授と通じるものがあり，当時の「動力派」の代表格であった．

マキシムは 180 馬力の蒸気エンジンを製作し，2 基のエンジンで直径 5.5 m の巨大な 2 枚のプロペラを駆動する飛行機械をつくりあげた．機体の全長は約 60 m，翼幅は約 32 m の巨大な複葉機であった（写真 15.6）．機体重量は 3 名の乗員も含めると約 3.6 トンに及び，その大きさは，今日の大型ジェット旅客機にも匹敵する．機体の前後には昇降舵が備わり，横の安定は上翼につけられた上反角に頼っていた．

マキシムがこの機体をつくった目的は，機体が十分な揚力を発生し，浮かび上がるかどうかを試験することにあり，機体を操縦する意図はなかったようである．レールの上を助走した機体は，浮かび上がった後に制御不能に陥ることのないように，レールの両脇に敷れた木製のガードレールによって飛行高度が抑えられていた．この機体には，蒸気で駆動されるジャイロが取り付けられる予定であった．機体の傾きを感知して，やはり蒸気の力で昇降舵を自動的に操作する自動制御装置がマキシムによって考案され，特許も 1891 年にイギリスで取得されていた．

蒸気エンジン飛行機械の初飛行

無謀な実験のようにも見えるが，マキシムの飛行機械は翼面積が 370 m^2 もあるので，理論的には時速 60 km 以上に加速できれば浮上するはずであった．事故や故障の連続であったが，1894 年 7 月 31 日の実験でついに機体は浮上した．轟音をたて 180 m ほど加速し，時速 67 km に達したとき，レールから浮き上がり，ガードレールに沿って「飛行」するが，はずれたガードレールがプロペラを破壊し，機体は大破してしまった．

マキシムの飛行実験はこの時点で終了した．ジャイロによる自動操縦装置の開発も終ってしまった．大がかりな実験のわりには，マキシムが航空工学の進歩に寄与したところは少なかったと評されている．飛行機の開発はエンジンというよりも，操縦技術を重視するライト兄弟によって達成されたためである．しかし，巨大な機体がわずかではあるが浮いたという事実は，大型旅客機が飛びかう現代を予言するものであった．

自動操縦が支える長距離飛行

オートパイロットの有効性は長距離飛行で実証される．次章でとりあげるワイリー・ポストの単独世界一周飛行はそれを象徴する出来事であった．オートパイロットや計器飛行，また無線を利用した電子航法技術は，悪天候や夜間での飛行を可能にし，長距離旅客輸送の発展を促す．

ライト兄弟がキティホークで苦労の末手に入れた操縦技術であるが，今日では，試みようと思えば，離陸から着陸まですべて自動で飛行させることも可能となっている．しかし，自動操縦が機能するのは，予定どおりにすべて事が運んだときのことである．機体の調子が変わったり，強い風に遭遇したり，予定したコースが急に変更された場合，機長は迅速に正しく機体を自ら操縦しなければならない．機長の誤った判断が，重大な事故につながった例を私たちは知っている．パイロットの任務は今なお極めて重要なのである．

第16章　ロッキード・ベガとダグラスDC-3
近代的飛行機の誕生

飛行機は「より速く，より高く，より遠く」を合言葉に発展を遂げる．洗練された流線形の機体からは，フライヤー号の面影はすでに薄れ，ライト兄弟も次第に忘れられていく．あげればきりがないのだが，近代的な飛行機の代表例として，ここではロッキード・ベガとダグラスDC-3を紹介したい．ロッキード・ベガは実用間際のオートパイロットを搭載し，オクラホマ出身のワイリー・ポストの操縦によって単独世界一周を成し遂げる．DC-3は，航空史の流れを変えた伝説の機体である．大型旅客機のスタイルを確立した点で触れないわけにはいかない．

ワイリー・ポスト，飛行機に魅せられる

スペリーの発明になるオートパイロットも，すぐに実用化されたわけではない．前章で述べたように，第一次世界大戦が勃発し，オートパイロットへの関心は薄れた．オートパイロットが人々の注目を集めたのは,ワイリー・ポストによる単独世界一周飛行であった．

ワイリー・ポスト（Wiley Post：1898–1935）はアメリカのテキサスで生れ，石油ブームで沸くオクラホマで育った．土地柄，油田で働くようになったポストは，飛行に惹かれ，巡業飛行団のパラシュート降下役に転身する．ポスト26歳のときであった．危険な職業であったが，飛行機を購入する資金稼ぎにはうってつけであった．しかし，曲技飛行のブームも去り，ポストもテキサスの油田で再び働き始めた．そこで，その後の人生を一変させる事件が起きた．油田の事故でポストは片目の視力を失ったのだ．彼は，その際の補償金によって念願の飛行機を購入した．

手にした機体でポストは操縦法を習得し，オクラホマの石油業者

写真 16.1　ロッキード・ベガ（ウィニー・メイ）

F・C・ホールのお抱えパイロットの職を得た．ホールはポストの所有する古い複葉機が気に入らず，密閉式客室を備えた最新のロッキード・ベガ（写真 16.1）を 1929 年に購入した．ホールの娘の名前にちなんで「ウィニー・メイ」と命名された機体と，ポストとの最初の出会いである．ちなみに，「メイ」はポストの妻の名前でもあった．

ロッキード社の成功作ベガ

ロッキード・ベガは木製とはいえ，モノコック構造を特徴とする先進的な機体であった．骨組みを木で組み上げるのはフライヤー号と同じであるが，翼や胴体の表面を布張りとするのではなく，合板によって仕上げた．布では強度を維持できないが，翼をねじるには都合がよかった．布ではなく合板を張れば，表面板も強度を負担できるので，飛躍的に機体が頑丈になる．このような構造はモノコック構造と呼ばれている．モノコック（monocoque）のコック（coque）とはフランス語で貝殻を意味するらしい．モノコック構造とは，貝殻のように外壁が薄い殻で形を保っている構造のことである．現代の飛行機の構造は，表面がアルミ合金の薄い板で張られ，内部の骨がないと形が保てないので，セミモノコック構造と呼ばれている．

翼はリンドバーグのライアンNYPのように胴体の上部に取り付けられた高翼で，空気力学的にははるかに洗練されている．ベガは天才的な飛行機設計者ジョン・K・ノースロップ（John Knudsen Northrop：1895–1981）の手になるが，ベガが優れた空力性能をもつのは，ノースロップが設計したこと以外に理由があった．1915年にアメリカに設立された国家航空諮問委員会（NACA：後にNASAに改組される）で実施された風洞実験の結果が反映されていたのである．

NACAの設立

1915年頃，アメリカの航空工業界はライト兄弟の特許抗争でもめており，飛行機の研究の主流はヨーロッパに移ってしまっていた．こうした状況を憂い，将来の航空工学の重要性を認識したアメリカはNACAを設立した．この委員会は数人の委員が年に数回の会合をもつ程度であったが，第一次世界大戦後，航空工学の研究所も設立されることになった．1920年には，バージニア州ハンプトンにラングレー記念航空工学研究所がNACAによって設立された．私が，キティホークの前に訪れた研究所はこのラングレー研究所である．NACAはその後，アメリカの航空工学の発展に大きな貢献をし，1958年には宇宙開発も担当するためにNASA（アメリカ航空宇宙局）に改組された．

NACAは大型の風洞2基をラングレー研究所に建造した．レイノルズ数を一致させる最も単純な方法は，実機と同じ大きさの模型を実験できる大型の風洞をつくることである．プロペラ研究風洞と実大モデル風洞の2種類であり，プロペラ研究風洞は1927年に稼動を開始した．そこでの初期の大きな成果は，エンジン・カウルに関する研究であった．

ベガに採用されたNACAエンジン・カウル

1927年に初飛行のロッキード・ベガは最初，ライアンNYPと同じライト・ワールウィンドを装備し，エンジンはむき出しであった．エンジンはその後，プラット・アンド・ホイットニー・ワスプに交換され，1929年に流線形のエンジン・カバー（カウル）が装着された．このカウルこそNACAの研究成果であった．NACAカウルによって，エンジンむき出しの状態に比べて，空気抵抗は著しく低減し，ベガの最高速度は時速266 kmから306 kmに跳ね上がった．NACAカウルは1929年のコリア賞を受賞している．

ベガはNACAで研究された高速用の翼型を採用し，脚にも流線形のカバーをつけた高性能機であった．本来は4人乗りの豪華な旅客機であったが，巨大な燃料タンクを装着すれば航続距離は3 000 kmを優に超えた．ワイリー・ポストが世界一周飛行に挑戦する格好の機体であった．

ゲッティーとの世界一周飛行

話が逸れてしまったので，再びワイリー・ポストの世界一周飛行に戻りたい．ポストの雇い主ホールが購入したロッキード・ベガは，厳密にはポストが世界一周に挑戦した機体ではない．事業が悪化したホールはベガを手放し，ポストも1年ほどロッキード社で働くことになった．ポストにとっては，飛行機の技術を学ぶよい機会となった．ホールの事業も好転し，ベガとポストは再びホールに雇われた．新しいベガがホールのもとに届く．名前は同じ「ウィニー・メイ」である．

ホールの援助を得て，ポストは世界一周飛行を計画する．1931年6月22日，航空航法の専門家ハロルド・ゲッティーと二人で，ニューヨークのルーズベルト飛行場を大西洋に向けて離陸した．リンドバーグがパリを目指して離陸したのはわずか4年前のことであった．飛行機の発達の早さには改めて驚かされる．ゲッティーが同行したのは，飛行機の位置と進路を割り出す航法士が必要だったからである．ライト兄弟の時代には地上の目標を頼りに飛行すればよかったが，長距離を，特に海の上を飛ぶ場合には，自分の位置を知り，行方を定める航法が必要になる．当時の航法は，大航海時代の船の航法と基本的には変わるところがない．地上の目印が見えるときはよいが，何もない大海上や大平原上では，コンパスと六分儀が頼りで，星や太陽を目印に自機の位置を割り出さねばならなかった．

大変な苦労の末，ポストとゲッティーは8日と15時間51分でニューヨークに帰還した．ドイツの飛行船ツェッペリンが1929年に樹立した世界一周飛行記録を12日も縮める大記録であった．

ポスト，単独世界一周飛行を目指す

成功が妬まれるのは世の常である．世界一周飛行の真の功労者は航法士のゲッティーであり，ポストは単なるパイロットにすぎないといった陰口がポストをひどく傷つけた．ポストはウィニー・メイをホールから買い取り，今度は単独の世界一周飛行に乗り出す．

単独の世界一周飛行は現代でも過酷な挑戦に違いない．ポストと争うように，航空会社の元パイロットであったジェームズ・J・マターンも，同じくベガで単独世界一周飛行に準備を進めた．マターンは1933年6月に離陸するが，シベリアでエンジンが停止し機体を破損させてしまっていた．

ポストは単独飛行のために二つの最新機器を準備した．一つはスペリーのオートパイロットであった．エレベータ，ラダー，エルロンの各舵面は油圧シリンダーで機械的に操作される（図16.1）．ポンプからシリンダーにつながる油圧管の途中で，ジャイロの信号によって操作される弁によって油圧は制御され，舵面は自動的に駆動される．ジャイロはピッチ（機首の上げ下げ）とロール（機の傾き）の変化を検知するものと，ヨー（方位）を検知する2種類が搭

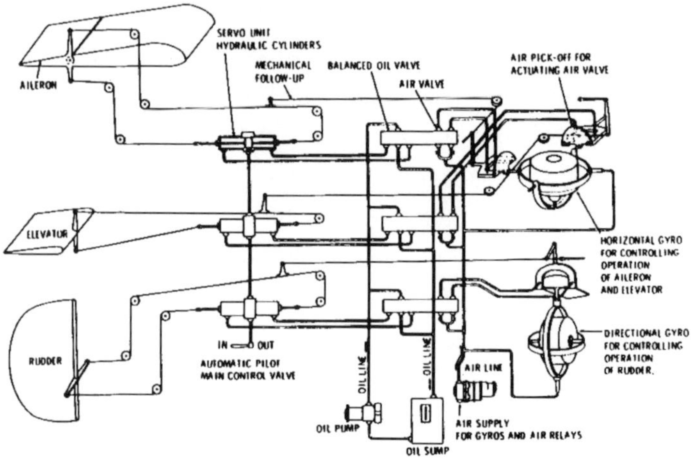

図 16.1　ウィニー・メイに搭載されたオートパイロット(資料：Sperry Company)

載された．機体が規定の方向からずれても，オートパイロットが自動的に操縦を行う．スペリーのオートパイロットは試作段階であったが，ポストは単独飛行には欠かせない装置であるとして，スペリー社を説得した．

もう一つの装置は，ラジオ放送の電波を捉えて，放送局の方位を知ることができる無線受信機であった．世界中にある放送局に周波数を合わせれば，その放送局の方向に飛ぶことが可能である．イタリアのマルコーニが 19 世紀末に発明した無線通信は，電子航法を生み出した．1920 年代に郵便輸送が盛んになったアメリカでは，夜間の飛行を可能にするために，光を放つ航空灯台が設置された．しかし，光は遠くへ届かないし，気象に左右され不便であった．電波を発する電波灯台を設置し，飛行機に受信機を乗せれば灯台の代わりになる．ポストはアメリカ陸軍が開発中の自動方向探知機を借り出すことに成功した．装置を試験するという名目であった．

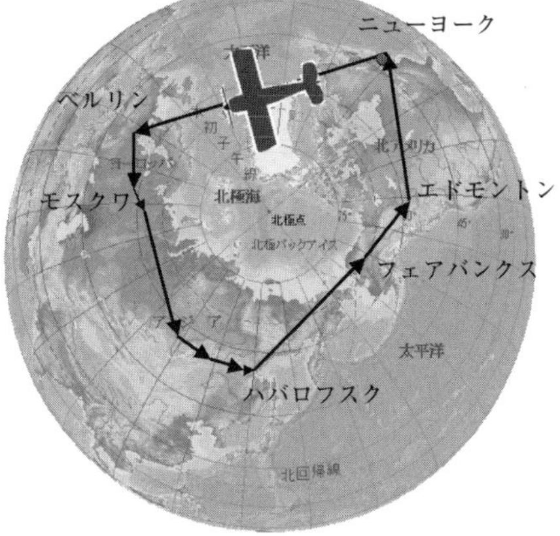

図 16.2　ポストの単独世界一周飛行ルート（1933 年）

単独世界一周に成功する

1933 年 7 月 15 日，ポストは単独でロングアイランド島の飛行場から離陸し，ベルリンを目指した（図 16.2）．無線受信機は次々と各国の放送局へウィニー・メイを導いた．オートパイロットは時々不調になったが，調子がよいときはポストに休息を与えることができた．ただ，長時間眠ってしまうことは危険であったため，ポストは指に結びつけたひもの先にレンチをくくりつけ，レンチを握りながら飛行を続けた．眠って意識を失うと，レンチを落とすので，ひもが指を引っ張り目が覚める仕組みであった．

出発して 7 日と 18 時間 49 分 30 秒後に，大観衆の待つ飛行場に無事到着した．2 年前にゲッティーと打ち立てた記録を 21 時間以上も短縮する大記録であった．ロンドンのタイムズ紙は「ジャイロによるオートパイロットとラジオコンパスが長距離飛行の新時代を切り開いた」とポストの快挙を祝福した．

本格的旅客輸送の幕開け

ポストが単独飛行のために離陸した 2 週間前の 1933 年 7 月 1 日，

本格的旅客輸送の幕を開ける機体がカリフォルニアで初飛行した．10 926 機生産されたダグラス DC-3 の原型，DC-1 である．

ダグラス社の創始者ドナルド・ウィルズ・ダグラス（Donald Wills Douglas：1892–1981）は，ライト・フライヤー A 型の飛行を目撃し航空技師への道を志したという．1908 年，バージニア州フォートマイヤーでオーヴィル・ライトが陸軍のために行った評価飛行を見物したのである．彼は，翌年アナポリスの海軍兵学校に進むが，その後マサチューセッツ工科大学（MIT）へ移った．卒業後，MIT に新設された航空工学科の助手を務め，1915 年，ロサンゼルスのマーチン社に入社した．マーチン社で飛行機開発を経験したダグラスは，1920 年には独立して自らの会社を起こした．

大型の民間機開発には無縁であったダグラス社が，DC-1 を手がけた背景にはアメリカにおける航空輸送の発達があった．航空会社は近代的な旅客機を求めていた．大手航空会社の TWA は，自社の運航するヨーロッパ製のフォッカー・トライスターの墜落事故（1932 年）をきっかけに，新型機への交換を計画した．飛行中に片翼を失うという大事故の原因が，木製の構造材の腐食とされ，全金属製の最新機への移行が強く求められた．TWA は，完成が予定

写真 16.2　ボーイング B 247（1933 年）

されていたボーイングの新型機 B 247（写真 16.2）に関心を寄せるが，ボーイングは系列のユナイテッド航空からの発注を受けており，TWA には冷たかった．このボーイングの回答に強い反発を覚えた TWA の辣腕副社長ジャック・フライは，他の航空会社に意欲的な新型機の開発を打診する．これに応えたのがダグラスであった．

DC-1 の開発

当時，ダグラスの傘下には，ベガの設計者ノースロップが創立したノースロップ社もあり，ダグラス社は TWA の要求を上回る機体の開発を目指した．それは，近々に登場する B 247 を凌駕できるはずであった．ダグラス商用 1 号機 DC-1 と命名された新型機には，当時可能な限りの新技術が投入された．構造設計には，ノースロップがロッキード・ベガの後に自社で設計したアルファのノウハウが生かされた．アルファはベガと異なり，翼を胴体下部に配置し，ジュラルミン外板に覆われた全金属製機体であった．DC-1 の翼の設計には，カリフォルニア工科大学（カルテック）の風洞試験が利用され，胴体と翼が滑らかな曲面で整形された．もちろん空気抵抗を減らすためである．翼には，大型機として初めてフラップが装備された．なお，カルテックにはプラントルの薫陶を受けたフォン・カルマンがドイツから移っており，この改良に加わっていた．

翼の製造法にも新しいアイデアが導入された．翼は分割して組み立てるユニット構造が採用され，整備性も優れていた．翼のスパン 26 m，全長 18.3 m の機体はボーイングの B 247 よりも一回り大きく，重量は 8 トンに達しようとしていた．翼は胴体最下部に取り付けられたので，客室はフラットになった．この構造は B 247 に対してかなり優位となった．B 247 の翼は胴体の中央寄りに取り付けられたので，客室内を前後に移動する際の邪魔になった．エンジンには 710 馬力のライト・サイクロンが 2 基採用され，飛行条件に応じてプロペラの角度を変更できる可変ピッチプロペラ機構まで採用された．

伝説の機体 DC-3 の誕生

DC-1 は 1933 年 7 月 1 日に初飛行し，TWA には胴体をさらに延長した DC-2 として翌年 5 月に納入された．同年 8 月にはアメリカ大陸横断の定期便に就航し，またたく間にアメリカ全土を覆い尽くした．ボーイングの劣勢は明白で，B 247 は軍用機に転用される運命となった．ダグラスの快進撃はさらに続く．DC-2 は機内にベッドを設けた寝台輸送機（DST：Douglas Sleeper Transport）DC-3 としてさらに大型化された（写真 16.3）．DC-3 には油圧式の引込み脚が採用され，空気力学的にもカルテックの風洞でさらに洗練が加えられた．乗客数を 14 名から 21 名に増やした DC-3 は，伝説の機体として完成したのである．初飛行は 1935 年 12 月 17 日であった．

DC-3 の登場によって，旅客機の形式はほぼ確立されたといってもよい．もちろんその後も新技術が導入された．高高度を飛行するための機内与圧が導入され，また，尾輪ではなく胴体前部に脚が配置され，着陸時にも機体が水平に保てるようになった．そしてジェットエンジンが導入され，飛行速度が一気に向上した．しかしなが

写真 16.3　ダグラス DC-3（1935 年）

図 16.3　コンピュータで計算された機体表面の空気圧（資料：NASA）

ら，ジャンボジェットに至るまで基本的にはDC-3の設計方式が踏襲されている．

今日ではコンピュータが設計に導入され，製造現場でも計算機制御の工作機械が導入されている．ライト兄弟の時代とは異なり，機体の揚力はコンピュータによって計算できる．図 16.3 は機体表面の空気圧を計算した結果である．しかし，すべてコンピュータで設計できるわけではない．空気抵抗も予測はできるものの，詳細は風洞実験で確認される．ライト兄弟の時代と基本的には同じように実験を行うのである．また，細かい精密な工作は熟練者の手作業であり，これがハイテク機の製造現場かと驚くほどである．ライト兄弟のような熱意と技の冴えが，今日でも飛行機の設計・製造を支えている．

ポストの事故

単独世界一周飛行を成功させたワイリー・ポストは，その後も，与圧服を身にまとい，「ウィニー・メイ」によって高高度飛行の実験を敢行するなど活躍した．現在では，胴体を加圧することによって空気の薄い成層圏飛行が可能だが，ベガは加圧する構造になっていなかったので，与圧服が必要であった．エンジンには成層圏でも性能が落ちないように2段の過給機が取り付けられ，強制的に空気が送り込まれた．ポストの飛行が，その後の成層圏飛行のための貴重なデータを残したのはいうまでもない．

ポストは1935年8月15日，水上機でアラスカに飛行中，離陸に失敗して命を落とした．DC-3の登場によって航空輸送が実用化しようとしていた時期であった．飛行機は飛躍的に進化していたが，ポストの事故は，飛行機が依然として冒険家たちのものであるとの印象を人々に与えた．

エピローグ

兄のウィルバーが1912年に腸チフスで亡くなった後，弟のオーヴィルは次第に世間から離れていく．カーチスとの特許の争いも決着がつかぬ1915年，兄弟で創設したライト社の権利を売り払い，飛行機事業からも手を引いた．ウィルバーとともに，情熱と知恵のすべてを注いでフライヤー号を完成させたが，飛行機はすさまじい速度で発達し，オーヴィルの手の届かぬものになってしまった．資産家となったオーヴィルは，デートン郊外のホーソンヒルの豪邸に父と妹と移り住み，家中を実験室に改造した．フラップの発明など飛行機の研究も続けるが，おもちゃの発明とか，蓄音機の連続演奏機構など，なにか子供じみた印象を私は受ける．ひっそりと優雅な余生を送ったオーヴィルは，1948年1月30日に心臓発作で76歳の人生を終えた．

ライト兄弟は1903年の初飛行の後，大きな航空工学上の貢献をしなかったという指摘がある．確かに兄弟の絶頂期は1908年のライト・フライヤーA型によるヨーロッパやアメリカでの公開飛行であり，それは1903年のフライヤー号の延長線上でしかない．飛行機の発達があまりに急で，ライト兄弟の機体が急速に光を失ったのは事実である．また，彼らは特許を守ることに時間と心を奪われてしまったように見える．だからといって私は，兄弟を非難したくはない．フライヤー号をつくりあげる過程を追ってきた私は，彼らの技と知恵に感銘を受けた．当時はリリエンタールのグライダーによる飛行があり，軽量なガソリン・エンジンが登場した頃で，絶好の時期にいたのは確かである．しかし，荒涼としたキティホークでグライダーと格闘し，操縦理論と飛行機をつくりあげた兄弟は天才と呼ぶにふさわしい．その情熱は，単に飛行機事業で富と名声を得ようとする世俗的なものとは思えない．創造という人類に与えられた最大の喜びを，飛行機をつくりあげるなかに見つけたに違いない．

人生に明と暗があるのは宿命である．パイオニアとか天才と呼ばれる人々は，そのコントラストが特に強いようである．ライト兄弟の場合，飛行機発明の瞬間に光があまりにもきらめいたため，その後の人生における影が暗く見えるにすぎないのであろう．

最後に，フライヤー号の行方を書いておきたい．カーチスとライトの裁判は，第一次世界大戦にアメリカが巻き込まれることになったことで，結局は結論の出ないままの幕引きとなった．しかし，スミソニアン協会に対するオーヴィル・ライトの怒りはおさまらなかった．協会は，1918 年にラングレー教授のエアロドロームを「空中に浮揚し自由に飛行のできる史上最初の有人飛行機」として博物館に展示したのである．憤慨したオーヴィルは，1903 年のフライヤー号をイギリスの科学博物館へ送ってしまった．1928 年のことである．オーヴィルが要求すれば直ちに返却するという条件ではあったが，スミソニアン協会への痛烈な抗議として，オーヴィルはこうした処置をとったといわれている．

フライヤー号がスミソニアン博物館の天井から吊り下げられたのは 1948 年になってからである．この複葉機には等身大の人形が操縦桿を握っている．前方に水平舵が，後方にプッシャー式プロペラがおかれ，どちらが進行方向か判断できないため人形がおかれたという説もある．ともかく，短い口ひげから，その人形はオーヴィルとわかる．オーヴィル自身はこの展示を見ることはなかった．

スミソニアン博物館のフライヤー号の隣には，初めて音速を超えたベル X-1 が天井から吊り下げられている（写真 17.1）．音速を超えたのは 1947 年 10 月 14 日であったから，オーヴィルの生存中で

写真 17.1　スミソニアン博物館のフライヤー号と X-1

あった．X-1の超音速飛行は，フライヤー号が初飛行で飛んだ12秒のほぼ2倍の20.5秒であった．すさまじい勢いで発展を遂げる飛行機を，オーヴィルはデートンのホーソンヒルでどのように見ていたのであろうか．

あとがき

現代日本の技術者・研究者に強く求められるものは，オリジナルなもの，創造的なものをつくるパイオニアの精神である．明治以降の近代化，第二次世界大戦後の復興においては，欧米追従が重要な課題であった．今わが国に求められているのは，人類の幸福に貢献できる創造的な科学や技術の創成である．しかし，日本人にオリジナリティーがなかったわけではない．飛行機の発明に関しては，日本にも誇れる先人がいた．そのことに触れなくてはならない．少年時代，凧づくりの名人であった二宮忠八（1866-1935）である．

二宮忠八は，鳥や昆虫の飛行を研究し，反りのある固定翼と鳥のような尾翼をもち，ゴム動力でプッシャー式プロペラを駆動する「からす型飛行機」と名づけられた動力模型飛行機を作成し，1891年に36 m ほど飛行させることに成功した．ペノーのプラノフォアから20年後のことであった．1893年には，ペダルでプロペラを駆動する人力飛行機「玉虫型飛行機」を構想した．陸軍歩兵隊の看護卒であった忠八は，日清戦争の野戦病院で働きながら，軍部に「玉虫型飛行機」の実験を何度も願い出るが，夢物語として相手にされなかった．

日清戦争後，ドイツから輸入されたオートバイのエンジンを搭載することを計画し，再び願い出るが，「実際に飛んでから来い」と却下された．忠八は資金を貯めるために，製薬会社で働き出した．その驚異的な働きぶりによって，1906年には支配人にまでなった．ようやく資金的な余裕のできた忠八は「玉虫型飛行機」の製作にかかるが，ライト兄弟の飛行のニュースに接し，悔しさのあまり，つくりかけの飛行機を壊してしまったという．1909年頃であった．

忠八が実際に飛ぶためにはさらに数年を要したであろうが，ライト兄弟に最も近い日本人であった．

忠八につくりかけの機体を破壊させたほど，ライト兄弟の飛行は驚異的であった．しかし，初飛行後のライト兄弟の栄華は驚くほど短い．パイオニアの悲哀にわれわれは何を学べばよいのであろうか．第2部で見たように，飛行機は「技術」と「科学」を両輪として発達した．グライダーを飛ばしたリリエンタールや，操縦技術とともに機体をつくりあげたライト兄弟の「技術」は天才的な職人芸であり「芸術」といってもよい．彼らの快挙は正統的な研究者の「科学」的発展を促し，飛行機をより高度なものへとつくり変えた．数学的な翼理論や境界層理論は，パラダイム交代というべき変化を引き起こし，飛行機を流線形の今日的なスタイルに脱皮させた．ライト・フライヤー号の面影は驚くほど短期間に消えていったのである．また，本書では触れることができなかったが，飛行速度が音速に近づくと，高速空気力学が後退翼やデルタ翼を生み出した．

「技術」は「科学」を具現化し，「科学」は「技術」によって触発されるという相互作用の認識が，フライヤー号に固執したライト兄弟には欠けていたのであろう．両者の関係が切れたとき，「技術」の発達は止まり，「科学」は空虚なものになってしまう．「科学技術」と一つの言葉で表現している日本人には，両者は別なもので異なった役割をもつという認識が不足していると思う．今もてはやされている「産学共同研究」も，「科学」と「技術」の違いを認識し，両者の役割を生かすという視点が重要である．

21世紀になり，われわれは新たな「フライヤー号」をつくろうとしている．「千人乗りの超大型機」「宇宙まで飛行できるスペースプレーン」「故障でも墜落しない超安全飛行機」「滑走路の要らないVTOL（垂直離着陸）旅客機」など，話題には事欠かない．理論が整備され，計算機がいかに進歩しようと，ライト兄弟の情熱と巧みな技が現在でも要求され，「科学」的解明が望まれる分野も多いことを認識しなければならない．歴史は未来を写す現在の鏡であるという．この本を著したのも，将来の「ライト兄弟たち」のために，役立ってもらえればと思ったためである．

なお，写真や資料などについて書いておきたい．本書は，雑誌「航空情報」（酣燈社）と，インターネットの「MSN ジャーナル」（マイクロソフト社）で私が連載しているコラムから加筆のうえ多くを転載した．また，飛行機の写真の多くは酣燈社から借用した．ライト兄弟の機体の写真をはじめ古い機体の写真は Gary Bradshaw 氏のすばらしいホームページ（資料 5-1）で見ることができる．ライト兄弟の写真は基本的にはアメリカ国立図書館に寄贈されたものであるという．ライト兄弟の伝記は多く出版されているが，斎藤潔氏の『ライト兄弟伝』（資料 1-4）は多くの伝記の比較がされていて参考になった．フライヤー号の技術的内容に関しては，Jakab 氏の “Visions of a Flying Machine”（資料 1-6）にライト兄弟の見解が忠実に再現されている．空気力学の歴史に関しては，アンダーソン教授の “A History of Aerodynamics”（資料 2-15）が参考になった．より詳しく知りたい方はぜひご覧頂きたい．

ライト兄弟の初飛行から 100 年目の記念すべき年に本書の出版が間に合ったのは，技報堂出版の宮本佳世子さんから応援を頂けたおかげである．読者の観点から細かい指摘を頂けたこともありがたかった．

これらさまざまな形でのご協力に対し，厚く御礼申し上げる．

2002 年 1 月

鈴　木　真　二

本書に関係する飛行機の歴史年表

年	科学分野	年	技術分野
1486	ダ・ビンチのオーニソプター		
1687	ニュートン「プリンキピア」		
1732	ピトー管の発明		
1738	ベルヌーイ「流体力学」		
1744	ダランベールのパラドックス		
1753	オイラー方程式		
1759	スミートン係数		
		1783	モンゴルフィエ兄弟の熱気球
		1784	ラノアらのヘリコプター模型
1809	ケイレイ「空中航行について」		
		1843	ヘンソン「空飛ぶ蒸気車」
1845	ナビエ・ストークス方程式		
		1853	ケイレイのグライダー
		1871	ペノーのプラノフォア
1883	レイノルズの実験	1883	ダイムラーのガソリンエンジン
1884	フィリップスの翼型		
1887	マッハによる衝撃波撮影		
1889	リリエンタール「飛行術の基礎としての鳥の飛行」		
		1891	二宮忠八「からす型飛行機」
1894	ランチェスターの翼理論	1894	マキシムの飛行機械
1895	マルコーニの無線電信		
		1896	リリエンタールがグライダーで墜落．シャヌートのグライダー．ラングレー模型飛行機
		1897	アデールのアビオンIII
		1900	ツェッペリンの硬式飛行船
1901	ライト兄弟「いくつかの航空学実験」	1901	サントス・デュモンの飛行船パリを一周
1902	クッタの翼理論．ライト兄弟の風洞実験		
		1903	ラングレー教授エアロドローム．ライト兄弟初飛行
1904	プラントル境界層理論		

年	科学分野	年	技術分野
		1905	ライト兄弟 35 km 飛行
1906	ジュコーフスキーの揚力理論 ジュラルミンの発明	1906	ライト兄弟米国特許取得．サントス・デュモンの 14 ビス
1907	ランチェスター「空気力学」		
		1908	ボアザン・ファルマンの 1 km 周回飛行．カーチス「ジューン・バグ」1 km 飛行．ウィルバーのフランス公開飛行．セルフリッジ中尉墜落死
		1909	ブレリオのドーバー海峡横断．ランス航空ショー．ライト社設立
		1910	徳川大尉初飛行
1911	プラントルの揚力線理論	1911	「ヴァン・フィズ」アメリカ大陸横断
		1912	ウィルバー・ライト死去
		1913	オーヴィルの自動操縦装置公開飛行
		1914	スペリーのオートパイロット
1915	NACA 設立	1915	オーヴィル「ライト社」を手放す
1916	ゲッチンゲン風洞		
		1919	ビッカース・ビミー大西洋横断．全金属製機体ユンカース F13
1920	オーヴィルのスプリット・フラップ		
1921	カルマンの境界層理論		
1922	NACA 実機風洞		
1927	プラントル・グラワートの圧縮性変換	1927	リンドバーグのニューヨーク-パリ単独飛行
		1929	ドゥーリトルの計器飛行
1931	ウィットルがジェットエンジンの特許取得		
		1933	ポストの単独世界一周飛行
1935	ブーゼマンの後退翼理論	1935	DC-3 初飛行
		1939	ジェット機 He 178 初飛行
1940	谷一郎の層流翼理論		
		1947	ベル X-1 超音速飛行
		1948	オーヴィル・ライト死去

資料

[1. ライト兄弟伝記]

1-1) 稲垣足穂：ライト兄弟に始まる，徳間書店，1970
1-2) 富塚　清：ライト兄弟，講談社，1971
1-3) ラッセル・フリードマン著，松村佐知子訳：ライト兄弟，偕成社，1993
1-4) 斎藤　潔：ライト兄弟伝，ライト兄弟伝刊行会，1994
1-5) T. Crouch : The Bishop's Boy, W. W. Norton, 1989
1-6) P. L. Jakab : Visions of a Flying Machine, Smithsonian Institute Press, 1990

[2. 航空工学]

2-1) 谷　一郎：流れ学，岩波全書，1967
2-2) 高野　章：流体力学，岩波書店，1975
2-3) フォン・カルマン著，谷　一郎訳：飛行の理論，岩波書店，1979
2-4) 牧野光雄：航空力学の基礎，産業出版，1980
2-5) 日本機械学会編：写真集「流れ」，1984
2-6) 日本航空宇宙学会編：航空宇宙工学便覧（第2版），丸善，1992
2-7) O. Lilienthal : Birdflight as the Basis of Aviation, Longmans, Green and Co., 1911
2-8) D. Mcruer, I. Ashkenas and D. Graham : Aircraft Dynamics and Automatic Control, Princeton Univ. Press, 1973
2-9) G. K. Batchelor : Fluid Dynamics, Cambridge Univ. Press, 1974
2-10) H. S. Wolko (Edited) : The Wright Flyer, National Air and Space Museum, Smithsonian Institution Press, 1987
2-11) J. D. Anderson, Jr. : Introduction to Flight, McGraw-Hill, 1989
2-12) J. D. Anderson, Jr. : Fundamentals of Aerodynamics, McGraw-Hill, 1991
2-13) B. W. McCormick : Aerodynamics Aeronautics and Flight Mechanics, John Wiley & Sons, 1995
2-14) C. E. Billings : Aviation Automation, Lawrence Erlbaum Associates, 1997
2-15) J. D. Anderson, Jr. : A History of Aerodynamics, Cambridge University Press, 1997
2-16) D. F. Anderson and S. Eberhardt : Understanding Flight, McGraw-Hill, 2001

［3．　航空の歴史，辞典］

3-1）　航空情報別冊「名機 100」，酣燈社，1971

3-2）　木村秀政：わが心のキティホーク，平凡社，1981

3-3）　C. プレンダーガスト著，木村秀政監修，島岡潤平・水谷　驍訳：最初のヒコーキ野郎，タイムライフブック，1981

3-4）　D. ニーブン著，木村秀政監修，島岡潤平・水谷　驍訳：栄光の大冒険時代，タイムライフブック，1981

3-5）　O. E. アレン著，木村秀政監修，上村　巌・小秋元龍訳：エアライン草分け時代，タイムライフブックス，1981

3-6）　鈴木真二監修，西川　渉・宮田豊昭著：マルチメディア航空機図鑑，アスキー，1996

3-7）　根本　智：パイオニア飛行機ものがたり，オーム社，1996

3-8）　L. F. E. コームス著，青木兼知訳：コックピット変遷史，イカロス出版，1997

3-9）　黒田光彦：プロペラ航空機の興亡，NTT 出版，1998

3-10）佐貫亦男：ライト兄弟とカーチス，新・人間航空史，酣燈社，2001

3-11）J. L. Ethell : Frontiers of Flight, Smithsonian Books, 1992

3-12）P. Jarrett : Ultimate Aircraft, A Dorlinger Kindersley Book, 2000

［4．　その他］

4-1）　リンドバーグ：大西洋無着陸横断記，あかね書房，1979

4-2）　前原勝矢：右利き・左利きの科学，講談社ブルーバックス B-782，1989

4-3）　D. イングリッシュ著，小路浩史訳：浪漫飛行，プレアデス出版，2000

4-4）　家田仁編集代表，東京大学交通ラボ著：それは足からはじまった――モビリティの科学，技報堂出版，2000

4-5）　O. Wright : How We Invented the Airplane, David Mackay, 1953

4-6）　Transport Pictures, Agile Rabbit Edition, Pepin Press, 1999

［5．　インターネット・ホームページ］

5-1）　http://invension.psychology.msstate.edu/

5-2）　http://www.linkny.com/CurtissMuseum/

5-3）　http://home.t-online.de/home/LilienthalMuseum/

5-4）　http://www.nasa.gov/

5-5) http://www.wpafb.af.mil/museum/
5-6) http://firstflight.open.ac.uk/

[6. 著者のコラム]

・航空情報，航空機の形を科学する
6-1) 尾翼，1999.10
6-2) 尾翼の形態，1999.11
6-3) 主翼の形態，2000.1
6-4) 主翼の形態 2，2000.2
・航空情報，続・航空機の形を科学する
6-5) 安定性か操縦性か，2001.1
6-6) たわみ翼とエルロンの争い，2001.2
6-7) オートパイロットの発明，2001.3
6-8) 「ベルヌーイの定理説に挑む」を科学する(1)～(5)，2001.9～2002.1
・MSN ジャーナル（http://journal.msn.co.jp）
6-9) 飛行機が飛ぶわけ―「ベルヌーイの定理」説をめぐる論争を説く(1)～(2)，2001.7.3,7.10
6-10) 紙飛行機をうまく飛ばす科学(1)～(3)，2001.7.31,8.7,8.28

[写真，図の引用]

・Transport Pictures（4-6）
図 1.2，図 2.2，図 2.8，図 12.8
・酣燈社，マルチメディア航空機図鑑（アスキー）（3-6）
図 2.12，図 7.1，写真 8.2，写真 9.1，写真 9.2，写真 10.4，写真 10.5，写真 10.6，写真 10.7，写真 10.8，図 12.10，写真 12.2，写真 12.3，写真 13.1，写真 13.2，写真 14.1，写真 14.2，写真 14.3，写真 14.4，写真 16.1，図 16.2，写真 16.2，写真 16.3
・航空情報別冊「名機 100」（酣燈社）（3-1）
写真 7.2，図 13.11
・A History of Aerodynamics（2-15）
図 2.1，図 2.5，図 2.7，図 2.9，図 2.11，図 5.8，図 6.7，図 12.6
・Introduction to Flight（2-11）
図 2.6

・Aviation Automation（2–14）
図 16.1
・Gary Bradshaw ホームページ（5–2）
写真 4.1，写真 4.2，写真 7.1，写真 7.3，写真 8.1，写真 10.1，写真 10.2，写真 10.3，写真 15.1，写真 15.2，写真 15.6
・カーチス博物館（5–2）
写真 11.1，写真 11.2，写真 15.3
・USAF（5–5）
写真 15.4，写真 15.5
・NASA（5–4）
図 5.7，写真 6.2，写真 11.3，写真 11.4，写真 12.1，図 16.3
・リリエンタール博物館（5–3）
写真 1.5，写真 2.2

索　引

あ行

か行

さ行

た行

な行

は行

ま行

や行

ら行

鈴木真二・すずきしんじ

1953年岐阜県に生まれる．1979年東京大学大学院工学系研究科修士課程修了．
(株)豊田中央研究所勤務を経て，1986年に東京大学助教授，1996年に同教授となる．
現在，東京大学大学院教授（工学系研究科航空宇宙工学専攻）
1986年工学博士，専門は飛行力学
航空宇宙工学の教育・研究に携わるほか，一般の人々やマニアを対象に「航空情報」「MSNジャーナル」にコラムを連載し，飛行のロマンや楽しさを伝えている．
日本航空宇宙学会理事，紙ヒコーキ博物館名誉館長
主著　『力学入門』コロナ社，1999
　　　『マルチメディア航空機図鑑』アスキー，1997（監修）
　　　『現代の航空輸送』勁草書房，1995（共著）
　　　『それは足からはじまった——モビリティの科学』技報堂出版，2000（共著）

(2002年2月記)

ライト・フライヤー号の謎
—— 飛行機をつくりあげた技と知恵

定価はカバーに表示してあります

2002年2月15日　1版1刷発行　　　　ISBN 4-7655-4431-1 C1353
2002年7月20日　1版2刷発行

著　者　鈴　木　真　二
発行者　長　　　祥　　　隆
発行所　技報堂出版株式会社
〒102-0075　東京都千代田区三番町8-7
　　　　　　　　（第25興和ビル）

日本書籍出版協会会員　　　　電　話　営業　(03)(5215)3 1 6 5
自然科学書協会会員　　　　　　　　　編集　(03)(5215)3 1 6 1
工学書協会会員　　　　　　　F A X　　　　(03)(5215)3 2 3 3
土木・建築書協会会員　　　　振替口座　　 00140-4-10
Printed in Japan　　　　　　http://www.gihodoshuppan.co.jp

© Shinji Suzuki, 2002　　　　装幀　海保　透　印刷・製本　三美印刷
乱丁・落丁はお取り替え致します．

本書の無断複写は，著作権法上での例外を除き，禁じられています．

はなしシリーズ B6判・平均200頁

土のはなしI〜III	ダニのはなしI・II	ビールのはなしPart2	石のはなし
粘土のはなし	酒と病気のはなし	酒と酵母のはなし	橋のはなしI・II
水のはなしI〜III	ゴキブリのはなし	きき酒のはなし	ダムのはなし
みんなで考える飲み水のはなし	シルクのはなし	都市交通のはなしI・II	都市交通のはなしI・II
水道水とにおいのはなし	天敵利用のはなし	紙のはなしI・II	街路のはなし
水と土と緑のはなし	頭にくる虫のはなし	ガラスのはなしI・II	道のはなしI・II
緑と環境のはなし	魚のはなし	光のはなしI・II	道の環境学
海のはなしI〜V	水族館のはなし	レーザーのはなし	ニュー・フロンティアのはなし
気象のはなしI・II	○○のはなし(さかな)	色のはなしI・II	江戸・東京の下水道のはなし
極地気象のはなし	○○のはなし(虫)	火のはなしI・II	公園のはなし
雪と氷のはなし	○○のはなし(鳥)	熱のはなし	機械のはなし
風のはなしI・II	○○のはなし(植物)	水と油のはなし	船のはなし
人間のはなしI・II	フルーツのはなしI・II	においのはなし	飛行のはなし
日本人のはなし	野菜のはなし	刃物はなぜ切れるか	操縦のはなし
長生きのはなし	米のはなしI・II	黒体のふしぎ	ライト・フライヤー号の謎
発ガン物質のはなし	花のはなしI・II	暮らしの中の化学技術のはなし	システム計画のはなし
あなたの頭痛やもの忘れは大丈夫?	ビタミンのはなし	生活を楽しむ面白実験工房	発明のはなし
生物資源の王国「奄美」	栄養と遺伝子のはなし	暮らしのセレンディピティ	宝石のはなし
生物バイオ学入門	キチン、キトサンのはなし	図解コンピュータのはなし	貴金属のはなし
環境バイオ学入門	パンのはなし	なぜ? 電気のはなし	デザインのはなしI・II
帰化動物のはなし	酒づくりのはなし	エレクトロニクスのはなし	数値解析のはなしI・II
クジラのはなし	ワイン造りのはなし	電子工作のはなしI・II	ダイニング・キッチンはこうして誕生した
鳥のはなしI・II	吟醸酒のはなし	IC工作のはなし	オフィス・アメニティのはなし
虫のはなしI・II	なるほど! 吟醸酒づくり	太陽電池工作のはなし	マリンスポーツのはなしI・II
チョウのはなしI・II	吟醸酒の光と影	トランジスタのはなし	温泉のはなし
ミツバチのはなしI・II	ビールのはなし	ロボット工作のはなし	
クモのはなしI・II		コンクリートのはなしI・II	